A WORKBOOK ON SOLUTION-FOCUSED BRIEF THERAPY WITH EXERCISES FOR TRAINERS

焦点解决短期治疗培训手册

[英] 阿拉斯代尔·J.麦克唐纳 著

许维素 敬丹萤 译

作者序

我，阿拉斯代尔·詹姆斯·麦克唐纳（Alasdair James Macdonald），是英国的一名退休精神科顾问医师。我于1970年获得格拉斯哥大学医学学士学位，之后成为英国皇家精神医学院院士，同时拥有心理医学文凭与儿童健康文凭。身为一名医生的长子，我在邓迪大学实习，之后担任讲师。这些经历都让我深刻认识到研究的魅力。我曾在许多精神医学部门工作，也完成了个人精神分析工作，成为一名注册家庭治疗师和督导。对我而言，在重症监护室中应用心理治疗理念，会有一种满足感。这种满足感与我曾担任两所信托基金机构的医疗主任时体验到的一样。我研究过，营养不良是厌食症的一个因素，缺乏B类维生素是酗酒者的一个未被充分诊断的问题。

焦点解决短期治疗是我个人的特别偏好，因为它似乎比其他个体治疗或家庭治疗的取向更为现实和实用。我们在英国开创了第一个经过认证的培训课程。一直以来，我都积极参与欧洲短期治疗协会的活动和各项国际研究项目。我也是英国焦点解决实践协会的创始人之一。目前，我持续在英国带领工作坊，也在参与赫尔辛基心理治疗研究所的活动及其焦点解决短期治疗硕士学位课程。退休后，我在中国及其他国家都曾担任培训师和管理顾问。

设计与撰写本书的初衷，是想向对焦点解决短期治疗有兴趣的实务工作者与学生介绍它的哲学、原则与实践。焦点解决短期治疗起源于20世纪80年代的美国密尔沃基。这个新兴的或所谓后现代的取向，在诸多国家和不同文化里，都已经被证实是一个非常有效的治疗取向。这一点，是一些心理治疗流派无法做到的。除了所需要的治疗时间较短这一优点，焦点解决短期治疗不会像其他流派一样让当事人在处理来谈议题时经历更多的痛苦与焦虑。焦点解决短期治疗可以与某些行为疗法和其他治疗方式（如药物治疗）结合使用，并适用于个人、家庭等对象。

我希望本书能帮助大家采用一种崭新的方式来学习如何进行教学训练以及心理治疗。由于焦点解决短期治疗与其他心理治疗流派差异甚大，若有资深的焦点解决工作者扼要分享理论重点或带领一些练习活动将大有帮助。当然，我也希望焦点解决短期治疗的训练师与学习者们，都能从本书中发现一些有用的资源。

本书将会简单介绍焦点解决短期治疗的各项重点，以及如何将它们应用到实务工作中。同时，本书还会提供一百多个相当实用的练习活动，这些练习活动由不同的实务工作者分享。本书会按照以下几个方面展开，并用十一章来进行呈现：一，导入活动，让参与焦点解决短期治疗训练课程或团体的学员能开始进行以优势为基础的练习；二，反思活动，让学员把实务工作置于他们的理论框架内，进行观察和反思；三，练习活动，让学员练习焦点解决取向的关键技术；四，应用活动，思考如何将焦点解决取向应用于不同场域和多元背景下的当事人；五，附加材料，更多相关阅读材料和资源。

阿拉斯代尔·J.麦克唐纳
2021年8月

译者序

数着数着，认识阿拉斯代尔·麦克唐纳博士竟然已经十几个年头了。第一次见他，是在新加坡的焦点解决短期治疗研讨会上。我对他的温文尔雅，印象极为深刻。随着交流的深入，我愈加发现，无论我询问他什么问题，他都能够解答。这让我由衷觉得麦克唐纳博士像极了焦点解决短期治疗的图书馆，收集着、记录着、珍藏着焦点解决短期治疗的历史、发展与成就。

本书正是在这样的机缘下诞生的。当麦克唐纳博士亦师亦友地与我分享他多年来担任实务工作者、训练者、督导和教练的各种焦点解决训练方案时，我惊为天人，鼓励他出版这些训练方案，以能让更多的焦点解决短期治疗实务工作者与训练师从中受益。麦克唐纳博士本来有些犹豫，但让我感动的是，宁波出版社的陈静编辑大力支持，让麦克唐纳博士积极将训练方案汇整出版。让我觉得最为有趣与开心的地方是，在本书的翻译过程中，我会将我的阅读意见随时与麦克唐纳博士分享，而他也会与我讨论，修正原稿的内容。这样一边讨论、一边修改的过程，让我们彼此对话得更多。能与焦点解决短期治疗领域长老级别的前辈如此交流，真的是一种幸福、一种滋养。

对于经常做焦点解决短期治疗训练工作的我来说，阅读与翻译本书使我受益匪浅。本书各章节里，除了有麦克唐纳博士画龙点睛的重点说明，各章节架构还参照了焦点解决短期治疗的流程要素，加入了多元层面（如企业、督导）的应用。而附录的文章，也能让读者通过麦克唐纳博士这位焦点解决短期治疗的历史见证者，得以窥见该流派的现代发展。

正如麦克唐纳博士在书中不断强调的"语言匹配"原则，一本翻译图书也需要在语言上进行在地化。在此，特别感谢另一位译者，江苏师范大学心理健康教育中心的敬丹萤心理咨询师协助对本书进行语言润色。

焦点解决短期治疗的创始人之一茵素·金·伯格（Insoo Kim Berg）曾说："教一遍，学两遍。"焦点解决短期治疗易懂、易学、易用的特征，让其容易被推行。而本书这样兼具完整度与宽广度的训练教材，实不多见。相信读者不仅可以通过每个练习活动自行提升对焦点解决短期治疗的理解，也能直接复制与带领书中的各项练习活动。最为可贵的是，读者将在阅读过程中，深刻感受到作者对焦点解决短期治疗的高度热爱。而这份热爱，将激励进行各项实务工作的我们，在焦点解决短期治疗的道路上不断探索。

许维素

2023 年 1 月

目 录

作者序　/ 001
译者序　/ 003

第一章　本书指南与暖身活动
一、引言：如何对参与工作坊的学员给予反馈　/ 001
二、开场　/ 002
三、焦点解决取向简介　/ 006
四、焦点解决会谈中的实用理念　/ 010
五、焦点解决取向与传统心理治疗取向的差异　/ 024
六、在各种文化中都非常有用的焦点解决问句　/ 028
七、不适合使用焦点解决问句的情况　/ 030

第二章　发展提问技能的练习活动

第三章　焦点解决短期治疗原则与假设的练习活动

一、焦点解决短期治疗的原则与假设　/ 044

二、实践原则　/ 046

三、共情　/ 046

四、倾听　/ 051

五、无问题谈话　/ 054

六、透明化　/ 055

七、优势　/ 059

八、与难以合作的当事人工作　/ 064

第四章　焦点解决短期治疗会谈开场的练习活动

一、自我介绍与问题描述　/ 072

二、会谈前的改变　/ 076

三、一些值得谨记的原则　/ 077

四、与儿童和青少年工作的妙招　/ 080

五、对问题或诊断进行挑战　/ 081

第五章　发展目标的练习活动

一、目标的重要性　/ 083

二、复原技术：当目标与失落或丧亲有关　/ 090

三、自杀风险评估　/ 092

四、"停止"　/ 097

　　　　五、危机卡：用于自我伤害议题　　/ 098
　　　　六、与身患绝症的当事人共同设定目标　　/ 101
　　　　七、发挥当事人伴侣的功能　　/ 104
　　　　八、取得控制权：帮助有幻听症状的当事人　　/ 107

第六章　例外及评量问句的练习活动
　　　　一、例外　　/ 117
　　　　二、评量　　/ 121

第七章　奇迹问句的练习活动
　　　　一、奇迹问句　　/ 130
　　　　二、危机干预问句　　/ 139

第八章　关于反馈与后续会谈的练习活动以及会谈效果的评估
　　　　一、暂停与休息　　/ 142
　　　　二、后续会谈　　/ 147
　　　　三、对会谈效果进行评估　　/ 151
　　　　四、改变的速度　　/ 156
　　　　五、焦点解决短期治疗的成果研究　　/ 159

第九章　实务工作场域议题的练习活动
　　　　一、开始在实务工作场域中使用焦点解决技术　　/ 163

二、遭遇霸凌 / 164

三、面对法律程序的当事人 / 167

四、关于职场教练及其他任务的练习活动 / 173

五、职场团体活动中改变思维焦点的方法 / 182

六、发展共识未来的预期谈话 / 188

七、评估工作表现 / 195

第十章 督导的练习活动

一、焦点解决内部督导 / 202

二、焦点解决反思团队 / 204

三、工作坊评量 / 205

第十一章 建立复原力的练习活动

一、两个放松的练习活动 / 208

二、三个问句 / 212

三、与儿童当事人工作的练习活动 / 214

四、测量复原力 / 216

五、替代性复原力 / 217

六、眼动脱敏与再加工疗法 / 218

七、舒适暗示 / 219

八、闪耀时刻 / 223

九、给焦点解决实务工作者的最后叮咛 / 225

十、总结:短期治疗的下一步新发展　　/ 226

附录　焦点解决短期治疗迄今为止的故事　　/ 230

参考文献　　/ 247

第 一 章

本书指南与暖身活动

Guidelines and Introductory Exercises

我喜欢焦点解决短期治疗已经超过三十年了。本书正是基于我与焦点解决领域内多位训练师接触所获得的宝贵经验。这些训练师才华横溢,拥有很多从未出版却口耳相传的专业技能。如今,这些宝藏都可以在本书中找到。

一、引言:如何对参与工作坊的学员给予反馈

当一个练习活动结束时,接下来的重点就是如何给予学员反馈。我们希望工作坊带领者与学员之间的关系,可以依照焦点解决短期治疗中治疗师与当事人之间的关系来推进。如同焦点解决短期治疗中的当事人,参与工作坊的学员即使是新手,也应被期待拥有足够的能力在工作坊中取得进展。而以我们的经验来说,如果在练习活动中,周围的人能关注学员的个人成功或做的有用的事,学员将最有可能在

工作坊中取得进展。当工作坊中有学员想要开始讨论"做错"之处时，团体可以转而询问扮演当事人角色的学员，如果可能，可以做些什么来取而代之。或者，大家也可以集思广益，讨论到底还可以做些什么，来让治疗变得更为有效。

值得强调的是，在给予反馈时，明确与具体是很重要的原则。例如，如果大家对扮演治疗师的学员说，"在目标的建立上，你做得真的很好"，这就不是一个具体且有用的反馈。更有用的反馈应该是："询问当事人，'你希望在我们今天的会谈之后，可以有什么不同？'，似乎很有用哦。"又例如，相较于对学员说"你给了当事人很棒的赞美"，具体指出学员刚才的哪一个赞美是很不错的，会是更好的选择。

二、开场

练习活动 1-1：要握手的人太多啦

本活动由阿拉斯代尔·麦克唐纳设计。

活动目的
用于焦点解决短期治疗工作坊新手学员的开场暖身。

活动适用范围
这个活动适用于任何一种人数规模的工作坊，几个人到几百人的课程团体都可以使用。这个活动原本是为学员人数较多的工作坊设计的，其目的是让学员在大团体里也可以挨个进行自我介绍。后来我们发现，这个活动也一样适用于小型团体。如果工作坊需要翻译，那么这个活动将在提供较多个人接触的机会的同时，减少语言上的阻碍。

这个活动最适合第一次接触焦点解决短期治疗的学员。如果工作坊带领者想在学员第二次见面时使用这个活动，就需要修改其中的系列问句。这个活动不适合固定聚会的团体使用（如持续性督导），因为学员彼此之间都已经很熟悉了。

活动预期效果

在工作坊中发现学员所具有的个人胜任之处，可以让学员知道工作坊带领者认可他们的能力，从而促使他们自行辨识和肯定自己的能力。这会很容易引出聚焦于赞美、优势、胜任力与复原力等的后续活动与对话。学员对彼此的好奇，会促使他们投入社交。

举手的动作，打破了封闭式的肢体语言，让身体处于开放姿态，可以增加学员积极参与后续活动的可能性。有人认为，人们的优势手（通常是右手）是有意识的、受控制的；而非优势手（通常是左手）常与人们的潜意识和自发层面有关。因此，该活动中的前两个指令会请学员以特定的某只手来进行回应。这样的做法能鼓励学员更加关注后续问句的措辞。在提出两个问句之后，为了节省时间，后续问句里可以不用特别要求学员选用哪只手来进行回应。

这个活动的预期效果是，参与的学员会微笑，看起来十分自豪，会注视着彼此或小声问着"是哪一种宠物啊？"这类问题。

活动细节

工作坊带领者可以发出以下指令，每发出一个指令都需要停顿一下，让学员有时间完成动作，工作坊带领者也可以观察学员的反应。

我希望能多认识大家一点。
如果你曾经接受焦点解决短期治疗的训练，请举起你的"右"手。
如果你有兄弟姐妹，请举起你的"左"手。

如果你住在本次工作坊举办的城市,请举手。

如果你今天是开车来的,请举手。

如果你在工作中偏好焦点解决短期治疗或取向,请举手。

如果你是一位家长,请举手。

如果你与儿童或青少年一起工作,请举手。

如果你养宠物,请举手。

如果你的宠物不是狗也不是猫,请举手。

如果你会演奏某种乐器,请举手。

如果你的孩子正处于青春期,请举手。

如果你会一种团队运动,请举手。

如果你会讲不止一种语言,请举手。

以上的这些事情所涉及的能力都与我们今天要做的事情有关,因为完成这些事情都需要执行者拥有在复杂情境中进行沟通的技能,也需要与他人有效互动、合作的能力,不管是通过语言还是其他方式。

在学员们举手的同时,建议工作坊带领者与部分学员有眼神接触、点头、微笑、露出欣赏的神情,都会是有帮助的。如果方便的话,当学员举手时,工作坊带领者可以快速记下举手的人数,这会让学员觉得工作坊带领者很认真看待他们的反应。这一信息可以直接让工作坊带领者得知会场中已经了解焦点解决观念的学员人数,以及偏好这一工作方式的学员比例。此外,这一信息还可以帮助工作坊带领者开展工作坊的后续活动。例如,如果有很大一部分学员能够演奏乐器或唱歌,那么可以在工作坊中多使用音乐的隐喻。又例如,如果工作坊带领者自己能说一口流利的外语,那么可以在最后补充一个指令:"如果你能说……(与带领者相同的外语),请举手。"如果很多学员都会说这门外语,工作坊带领者便可以在讲解或示范时,使用这门外语来进行解释和回答问句。

工作坊带领者也可以用另一种方法使用以上指令（出自许维素）。请学员三人一组，每个人都分享刚刚举过手的项目是哪些。接着，每名学员接受其他两名学员关于这些事情的访问。可以提出以下问句："你能做到……的小诀窍是什么？""这样做需要哪些条件？""如果你要养一只狗，你认为需要准备什么？"

活动"诀窍"——背景和评论

这个活动源于我与一名工作坊组织者在事前沟通上的一些误解。我本来准备的是一个适用于三十名学员的工作坊活动，但到场后，我面对的却是一百名学员。而我又不能当场要求这多出来的七十名学员离开，所以我得赶紧修改原来的活动。这也使得这个活动后来的版本可以适用于任何类型及不同规模的工作坊。从那时候起，我几乎在每个工作坊的开始都会使用这个活动。我相信，工作坊带领者在开展这个活动的那一刻起，便让学员开始了对技能与赞美的关注。

如同焦点解决短期治疗，这个活动直指学员的优势与胜任之处。这些能力可能是未曾被辨识出来或被认可的。如果你提出的指令或问句的方向设计得好，会让在场的每一名学员都有一到两次或更多的机会举手，那么，学员会觉得他们与你产生了联结，你也会觉得自己与他们产生了联结。

记得在提出指令时，涉及的主题不要太过于局限，宽泛一些会比较好。例如，"如果你在大公司工作，请举手"会比"如果你在'微软'公司工作，请举手"更好。

关于年龄、婚姻状态与家庭规模的指令或问句容易引发焦虑，应尽量避免。尤其是当所有学员都来自同一家单位时，这些私人议题常是他们不想为人所知的。

带领活动所需要的技能

带领这个活动不需要任何技能。但是,如果工作坊带领者不能看到所有学员,会大大降低这个活动的效果。因此,该活动可能不适用于阶梯礼堂或学员在其他房间通过屏幕观看工作坊的这类环境设置。

练习活动 1-2:相见欢

本活动由彼得·罗里格(Peter Rohrig)设计。

活动目的

用于小型团体的开场暖身。

活动细节

请学员针对自己目前在焦点解决工作中运用相关技巧的情况,以1到10分来进行评量(10分指运用得很好、很熟练;1分指运用得不好、不熟练)。接着,请每名学员在教室站成一条直线,按照自己的评分在直线上进行定位。然后,将这一条直线"对折"。1分的学员对面站着的是10分的学员,2分的学员则会与9分的学员面对面,以此类推。请学员和对面的伙伴聊一聊,是什么让自己在此刻会打出这个分数。

这个活动有两种变式。一种是,工作坊带领者可以请学员告诉对面的伙伴,发生什么事情将可以让自己在这个1到10分的量尺上提高一分;另一种是,如果学员相互熟识且会保持联络,就可以请他们自行写下有可能让自己提高一分的事情,三个月后,相互拿出来提醒彼此。

三、焦点解决取向简介

"如果没坏,就不要修理它。

"一旦知道做什么有效,就多去做。"

"若无效,就别重蹈覆辙;做些不同的事。"

——斯科特·米勒(Scott Miller)和茵素·金·伯格

上述几项原则概述了焦点解决取向如何看待和理解人们所经历的各种问题。焦点解决短期治疗主要是由美国密尔沃基短期家族治疗中心的史蒂夫·德·沙泽尔(Steve de Shazer)和其他伙伴一同发展出来的。如今,焦点解决短期治疗已经被应用在诸多领域中来协助面临诸多问题的当事人,例如行为问题、精神障碍、关系困难、暴力、药物滥用等。焦点解决取向也被那些需要与人打交道的工作者们,大量使用在日常工作中会碰到的各种生活情境里。同时,焦点解决取向还被用于管理人员与机构组织的发展与培训之中,以提高工作效率并解决系统的结构问题。

焦点解决短期治疗的核心理念是:治疗目标由当事人来选择,当事人自身拥有可用于创造改变的资源。治疗师致力于用明确的、微小的、正面的步骤与交互式语言,催化当事人倾向于用"解决方案的出现"而非"问题的消失"来进行描述,具体描述如何"开始"新事物,而非只是谈论如何让已经发生的事情"停止"。治疗师采取尊重、不批评的态度与当事人进行合作,致力于实现当事人所提及的目标。

焦点解决短期治疗工作的核心目标,可以用史蒂夫·德·沙泽尔的一句重要格言来概括。史蒂夫·德·沙泽尔在《短期治疗中的解决之钥》(*Keys To Solutions In Brief Therapy*, 1985, p. 7)中说道:"对于陷入麻烦的人来说,唯一需要的就是做点不同的事。"这句格言深受过去思想家的影响。法国作家马赛尔·普鲁斯特(Marcel Proust)也有类似的观点。他在《追忆逝水年华》(*Remembrance of Things Past*, 1920)的第三卷中写道:"……治愈不幸(实际上人生不如意十有八九)的良药是一个决定。"

当事人详细的历史过往对于焦点解决短期治疗来说并没那么重要。但是，如果当事人觉得有一个关于自己的故事自己从未讲过，那么可能需要在会谈继续之前让他们说出来，并让他们感觉自己在被倾听。如果当事人讲述的故事牵涉到自己或他人的安全，就有必要进行安全性评估。此外，聚焦于问题的"问题式对话"以及猜测症状背后的"动机"与"目的"，都是焦点解决短期治疗会避免的。

焦点解决短期治疗建议，治疗师对任何关于潜藏动机和潜意识机制的预设，都不能干扰到其对当事人吐露内容的关注。史蒂夫·德·沙泽尔（1985）曾提到，焦点解决会谈是"以文本为中心的"（text-focused），也就是说，会谈基于当事人提供的"材料"，这些"材料"是当事人用自己的语言表述的，代表着他们对情况的理解。传统心理治疗方法采用的则是另一种观点——"以读者为中心"（reader-focused）。该观点认为，治疗师这名"读者"具有专业的知识，仅需要从当事人处获得足够的信息，并将其与自己预先的想法进行核对，或与自己已经设定好的计划相配合即可。"以文本为中心"的治疗概念，与维特根斯坦（Wittgenstein）的观点——语言是思想的重要工具，有着很大的联系。焦点解决短期治疗并不鼓励治疗师运用"以读者为中心"的技术性语言或专业性用语。当事人心中有自己的文字和想法，治疗师不应该"侵入"这份"材料"。这也正是焦点解决短期治疗的一大贡献与成果，让治疗师放下预设、不带偏见地与当事人对话、沟通。

史蒂夫·德·沙泽尔曾对上文的这一观点进行了进一步研究。他尝试在会谈中回应当事人时，尽量保留当事人的表达中一些原有的词或短语，同时探究这样做有何效果。结果发现，这是一种惊人且有效的技术，可以在会谈一开始就迅速与当事人建立联系。这个技术也有助于会谈对话的持续进行。这种与当事人及其所经历的处境建立联系的技术常被称为"语言匹配"（language matching）。语言匹配的原则确保治疗师能关注当事人所说的每一个字，而且随着会谈的推进，当事人也会逐渐清楚地意识到这一点。理想的情况是，治疗师会在每个回应或提问中，使用当事人前一次说话时使用的词。如果当事人的回应相当简短或是"不知道"时，治疗师则可使用当事人较早说过的词。治疗师有一个专业技能是，能够使用当事人的语言来设计并提出一些必要的问句。

一些心理动力取向的治疗流派认为，如果一种情绪（emotion）在会谈中被确认或命名，那么这种情绪很快就会伴随着与之相关的记忆浮现出来。这与演员在演出特定情感时使用的"斯坦尼斯拉夫斯基方法"（the Stanislavsky method）相似。因此，除非当事人在会谈中自己先描绘了某种情绪，否则治疗师主动将特定主题或情绪引入会话，未必是明智之举。

来自保加利亚的普拉门·帕纳约托夫（Plamen Panayotov）博士建议的焦点解决会谈顺序是：思考 — 分享 — 讨论 — 行动。在焦点解决会谈中，我们总是会问"你怎么看待这件事？你是怎么想（think）的？"，而不是"你对这件事的感受（feel）是什么？"。毕竟关于感觉的回答总是不太准确，也不太行为化，不容易在指导下有所改变。人们的感受可以通过眼动脱敏与再加工疗法（Eye Movement Desensitisation and Reprocessing，简称"EMDR"）、催眠、禁食及服用药物（包括街头毒品）等方式来改变。当然，这些方式都依赖于治疗师或药物与食品供货商。此外，认知与行为活动也会造成人们感受的变化。

焦点解决短期治疗与传统"以问题为焦点的"（problem-focused）取向截然不同。因此，对已经拥有特定知识体系的实务工作者来说，学习与使用焦点解决短期治疗可能会是一项挑战。下列这些介绍焦点解决短期治疗的练习活动的目的是肯定实务工作者们目前在实践中发现的有效做法，并将这些有效做法与焦点解决工作中的一些原则与实践联系起来。

四、焦点解决会谈中的实用理念

共情与合作

在会谈一开始,围绕开场介绍以及问题描述来进行对话,有助于会谈关系的建立。治疗师要在当事人的诉说中倾听出优势与资源,并思考是否能花几分钟进行"没有问题的对话"(problem-free talk)。同时,要理解与认可当事人的负面情绪,但不多加停留与探索。

寻找当事人的目标

焦点解决短期治疗将当事人选择的目标作为工作的方向,该目标并不是由外在的"专家"决定的。焦点解决短期治疗使用直接问句(direct questions)、例外(exceptions)、评量(scaling)、最大期望(best hopes)与奇迹(miracles)等,来协助当事人辨识与确认目标。

突显问题的例外时刻

史蒂夫·德·沙泽尔指出,没有任何一个问题是一成不变的。辨认出例外时刻,对于寻找解决之道及引发进展是很有帮助的。

语言匹配

语言匹配的概念源自心理研究所(the Mental Research Institute,简称"MRI")发展出来的策略治疗学派。在任何可能的情况下,对话者在提出的每个问句和回应中,都应包含对方语言中使用的一个或多个词,这是建立联系和促成理解的快捷方式。语言匹配可应用于各种场域和情境,也适用于各种形式的心理治疗。

练习活动 1-3：寻找建构性元素

本活动由迈克尔·耶尔思（Michael Hjerth）与杰斯克·莱隆凯维奇（Jacek Lelonkiewicz）设计。

活动目的

让学员练习寻找语言中的建构性元素。

活动细节

带领者与学员进行一个会谈示范。请一名学员先花几分钟谈论跟自己有关的一个问题或事件。接着，带领者在会谈中采用"和"或"而且"（and）来替代"但是"（but）。最后，带领者询问所有学员是否注意到了有什么不同。

接着，请学员三人一组。一名担任观察员，另外两名则以访谈者和回答者的身份开始讨论最近的一些问题或事件。同时，在讨论中用"和"或"而且"来替代"但是"。讨论三分钟后，请观察员分享其注意到的这一过程与其他一般会谈之间的差异。之后，三人轮换不同的角色，再次进行这个练习。

练习活动 1-4：最大期望

活动目的

让学员练习自我介绍与提出最大期望。

活动细节

在焦点解决会谈和专业训练中，确认学员参与其中的最大期望是什么，是一个很重要的环节。最大期望是治疗工作方向或训练目标的重要指引。

可常见的是,人们宁愿八卦别人的闲事,也不见得会说出自己的观点。因此,工作坊带领者可以邀请学员两人一组互相采访,询问对方是谁、职业是什么、会让对方大笑的事情是什么,以及对方对这次工作坊或培训的最大期望是什么。之后,每名学员向全体学员介绍刚才与他们一起练习的伙伴。

最后,工作坊带领者可以将大家对参加工作坊的最大期望写或贴在一张海报上。这个满载着大家的最大期望的海报会成为一个评估工具,可以让工作坊带领者与学员们在工作坊期间,不断回顾上面的内容来进行思考和总结。

练习活动 1-5:人与人之间的不同点与共同点

活动目的
让学员练习寻找人与人之间的不同点与共同点。

活动细节
在与家庭和团体工作时,注意每个人之间及他们的目标之间的不同点与共同点,是很重要的。因为这些信息可以帮助治疗师敏锐地捕捉家庭中每个人的目标,并适时调整会谈方向,以朝着这些目标前进。在工作坊的初期阶段,学员就可以开始这一练习。

步骤一:请学员在团体中找到一个他们认为与自己不同的人(学员可以自行定义"不同")。

步骤二:两人一组,彼此分享选择对方的原因。

步骤三:接着,请他们尝试找出两人之间所有的共同点。

步骤四：回到团体中，询问所有学员对"不同"的理解，以及从这个活动中学习到了什么。

练习活动 1-6：正向问句

本活动由泰勒·兰斯（Taylor Lance）改编自茵素·金·伯格。

活动目的

让学员开始了解正向对话的价值。

活动细节

请四名或五名学员一组，邀请他们分享对下列的一个、几个或所有问句的回答。这些问句都是有暗示性的。工作坊带领者也可以采用类似的方式，创建自己的提问方向。

» 今天让你微笑的是什么？

» 今天发生了什么，让你觉得活着很有价值？

» 最近什么时候，你曾因为某事而开心？

» 最近，你做了哪些虽然微小但让你颇有成就感的事？

» 最近有什么让你感到愉悦的新收获？你因此有了什么不同？

» 你什么时候因自己与某人的联系而心怀感激？

» 最近，你做过的让你感到自豪的一项工作是什么？你是怎么做到的？

» 最近，你的工作有什么地方做得更好或更顺利了？

» 最近，你在哪些方面感觉到更有效率？为了做到这些，你利用了哪些个人优势？

» 最近,你生活中的哪些事情让你觉得特别顺心如意?

» 最近发生了哪些事情,让你重拾对他人的信心?

练习活动 1-7:美好事物

活动目的

让学员辨识与确认个人的优势与美好特质。

活动细节

拿一张 A4 纸,在纸上画出下列表格(表 1.1)。请学员就"关于我自身的美好事物""让这些美好事物得以发生的个人特质或能力""我可以如何多加利用这些特质或能力"这三个问题进行思考,并在表格里填写思考结果。

表 1.1 美好事物记录表

关于我自身的美好事物	让这些美好事物得以发生的个人特质或能力	我可以如何多加利用这些特质或能力
1.	1.	1.
2.	2.	2.
3.	3.	3.
4.	4.	4.
5.	5.	5.
……	……	……
20.	20.	20.

在表格中标出 1—20 的数字,在每一个数字后,先写出关于自身的美好事物,接着写出让这一美好事物得以发生的个人特质。在这个表格中,可以写下任何特质,比如运动特长或艺术特长(第一栏);这

两个特质涉及专注力、决心、耐力等个人特征或能力（第二栏）；接着，想一想可以如何多加利用这些特质或能力（第三栏）。学员可以保存这个表格，每当想起自己的更多特质时，则接着填写。

练习活动 1-8：面部表情

本活动由罗布·卡明（Rob Cumming）设计。

活动目的
让学员练习解读面部表情。

活动细节
观察非言语行为，比如面部表情，对于了解当事人对不同问句的情绪反应相当有帮助。

请学员与自己不熟悉的人组成二人小组：

步骤一：想一个自己十岁时就会做的表情，一个十分生动的面部表情。

步骤二：做这个表情给对方看。

步骤三：让对方猜测这个表情的意义。

练习活动 1-9：焦点解决寻宝游戏

本活动由希瑟·菲斯克（Heather Fiske）与布伦达·泽尔特（Brenda Zalter）设计。

活动目的
让学员练习辨识与善用焦点解决实务工作的基本要素。

活动细节

请学员两人一组或几人一组，一起构思或回忆一个符合下列一个或几个要素的故事或案例：

» 一个小改变带来了大改变。

» 某人对某一问题采取了独特的解决方法。

» 对积极未来的展望帮助某人产生了改变。

» 你因当事人恢复的速度大大超过预期，或当事人展现了你原先不知道的优势力量，而感到惊讶的一次经历。

» 因为做了不同的事情而引发了改变。

» 你曾经是别人解决之道中的一部分或一个环节。

练习活动 1-10：从"病理化描述"到"一般性描述"

本活动由托拉纳·尼尔森（Thorana Nelson）设计。

活动目的

帮助学员改变思维方式，从使用与诊断、缺陷、功能障碍和病理学相关的思维方式，转而使用建构解决之道的思维方式；帮助学员认识到，解决之道并不总是与问题本身相关。

活动细节

阶段一

请学员三人一组，分别扮演当事人、治疗师及观察员。扮演当事人的学员先确定自己扮演的是有哪一种诊断的病人（如心理健康标签、综合征、精神障碍），然后阅读与这一诊断类型相关的书面材料。

接着，治疗师开始询问当事人前来咨询的理由，当事人则站在该诊断类型的病人的角度上来抱怨他们所面临的问题，包括人际关系问题。治疗师则针对该问题本身提出一些问句。

阶段二

治疗师接着询问当事人与问题毫不相关的其他方面，探询这些方面可以如何成为当事人的优势与支持。关于当事人的优势与支持的讨论，记得要从概括性描述逐步过渡到具体和明确的内容上。接着，治疗师请当事人对其从"问题描述"过渡到"无问题描述"的经历、方式以及该过程中的支持加以描述，同时也对成功和例外进行描述。请注意，所有的问句里都必须包含当事人先前回应时所用过的词。

阶段三

观察员对自己观察到的以上两个阶段中所使用的问句的不同，进行反馈。

阶段四

各组当事人向团体反馈他们在这两个阶段中的体验。之后，小组学员轮流扮演当事人、治疗师及观察员这三个角色，并再次进行前述步骤。

练习活动 1-11：学习焦点解决目标设定

本活动由许维素设计。

活动目的

让学员练习与儿童当事人工作时的目标设定问句（goal-setting questions）。

活动细节

请三到四名学员一组,在一张纸上共同作画。在作画前,学员不能商量要如何画和画什么。画完之后,请小组讨论,针对刚才的作画过程,可以如何加以改善来使得大家对后续的作画更满意。请小组运用焦点解决目标设定问句来引导这场讨论。

» 你最喜欢这幅画的哪一部分?

» 这些是你最喜欢的颜色吗?

» 在这幅画里,哪些图案代表着特定的人、事、物?

» 你还想在这幅画里增加些什么?

» 如果再画一次,大家可以做些什么来让最终的作品使大家觉得更满意?

接着,请小组再次一起作画。之后,请大家使用更多关于这次作画过程的目标设定问句来相互询问。

练习活动 1-12:工作愿景

本活动由许维素设计。

活动目的

让学员练习与成年当事人确定想要的未来(preferred futures)。

活动细节

步骤一

请所有学员列出自己看重的工作价值,如独立性、效率性、变化性、利他性等。课程带领者可以将这些工作价值汇整到一块白板上。

步骤二

请每名学员拿一张纸抄下白板上汇整出来的每一项工作价值,再用 0 到 10 分的量尺,就自己对每一项工作价值的看重程度分别进行打分(10 分为最高,0 分为最低)。

请学员两人一组,互相询问:

» 如果奇迹发生,你所看重的三项工作价值在你现在的工作中真的实现了,你的工作会有什么不同?

» 你的生活或其他方面(如人际交往)又会有什么不同?

» 还有呢?还有呢?

互访的两名学员讨论参与整个练习活动的体验,最后,将心得体会与课程大团体进行分享和反馈。

练习活动 1-13:资源激活对话

活动目的

让学员熟悉如何进行资源激活对话(resource-activating conversations)。

活动细节

请学员三人一组,两名学员负责提问,第三名学员选择分享自己在工作或生活中的一个小问题,这个问题是需要行为上的改变才会有所改变的。请第三名学员先不要向其他两名学员透露这个问题是什么,只要回答两名学员的提问即可。如果有任何提问是第三名学员不想回答的，第三名学员可以直接说"不"。

请第一名学员使用有关问题的问句（即"问题激活"问句）来进行询问，约三分钟。

» 多跟我说一些关于这个问题的事情。
» 它是什么时候发生的？
» 这个问题的情况是怎样的？
» 这个问题占据了你多少时间和精力？
» 其他人注意到了什么？
» 你之前有遇到过类似的问题吗？
» 你做了哪些处理这个问题的尝试？

第二名学员则使用有关目标与例外的问句（即"资源激活"问句）进行询问，约三分钟。

» 当问题解决时，情况看起来会是什么样子？
» 当问题解决时，你做的事情会和现在有什么不同？（取而代之的是什么？）
» 当你做了这些事情时，又会让情况有什么不同？
» 周围的其他人会如何发觉情况变好了？
» 谁会第一个注意到？第二个人又会是谁？
» 还会有什么变化发生？
» 还有呢？

» 还有呢?

记得形成具体、实际的目标。必要时,可以确认目标是否符合实际,比如,可以询问:"你真的可以做到'永远'不会再吵架了?"之后,三人轮换角色,并讨论回答两组问句时的感受差异。

在中国台湾,有学校根据"资源激活"的目的,运用焦点解决技巧设计了一些相关活动。例如,学校心理健康教育中心邀请一群学生加入一个"一小步坚持"活动。他们请这些学生为自己设定一个很小的目标,如每天走路一小时,每天背三十个单词,每天读五页焦点解决图书等,连续进行十天(或七天)。在这期间,他们将学生分组(五至十人一组),每组通过社交媒体群(如QQ群或微信群等)联系,汇报个人的执行情况并互相鼓励。十天(或七天)之后,活动带领者运用焦点解决问句来鼓励学生对这十天(或七天)进行反思,例如:"如果用1到10分的量尺来给你的满意度打分,你会给自己在这十天(或七天)的表现打几分?""在这十天(或七天)里,你是怎么能坚持执行这个小任务的?""在这十天(或七天)的实验之后,有了什么不同?"活动带领者希望这类问句能提升学生今后的执行力,也能发挥其从彼此经验中相互学习的效益。

也有一些中国台湾的老师以焦点解决短期治疗为基础,请学生将他们对下列问句的思考写成周记,然后再汇整思考(许维素):

» 当你实现对这门课的梦想(或预期)的时候,会是什么样子?

» 你觉得自己目前拥有的什么能力可以促使这个梦想的实现?

» 在未来的一个月内,你会做什么来让自己接近这个梦想?请列出几个具体、微小的行动。

» 别人会如何注意到你这几周的改变?

练习活动 1-14：更多美好的事物

本活动修改自克里斯·艾夫森（Chris Iveson）。

活动目的

让学员练习发现人们能够做得不错的地方；让学员获得有关优势导向会谈技巧的反馈；向学员强调赞美的重要价值。

活动细节

请学员三人一组，轮流扮演受访者、访问者和访问者的好朋友。

受访者要应聘一份工作，且已具备这份工作需要的所有必要条件。访问者要找出受访者比其他具有同等条件的应聘者更为出色的地方，并同时了解他是如何处理和应对困难情境的。请注意，访问者一定不能询问任何涉及缺陷、弱点的话题。过程中，访问者要做好笔记。

访问者的好友观察整个会谈过程。身为访问者的好友，只需要关注访问者做得好的地方。同样，访问者的好友也需要边看边做笔记。

步骤一

请学员进行一次十分钟左右的会谈。如果访问者一时想不起合适的问句，可以参考后文即将提到的例句。

步骤二

访问者就自己在会谈中听到的印象最为深刻的内容，给予受访者反馈与正面评论，并说明这一内容令自己印象深刻的理由。

步骤三

访问者的好友就其在这一过程中观察到的访问者令其印象深刻

地方，给予访问者反馈与正面评论，并说明印象深刻的理由。（另一种做法是，让这位好友把在这一过程中观察到的访问者的每个技能或优势之处写在便利贴上，然后把这张便利粘贴在访问者身上。当然，这个方式要经过访问者的同意，同时要避免损坏衣物。）

步骤四

受访者进行分享与反馈，说说自己对这次会谈是否满意，说说自己想要被问到什么，因为这些问句会引出自己的更多其他技能等。

访问者可以参考的问句如下：

» 当事情进行得很顺利时，你会做什么事情？
» 当事情进行得很顺利时，你会注意到别人在做什么？
» 当你不希望事情有一个不好的结果时，你会怎么做？
» 当你希望能够避免事态恶化时，你会怎么做？
» 哪些人对你最有帮助？你是怎样善用他们的帮助的？
» 当你发现自己把一件曾经觉得很困难的事情做得很好时，你是做了什么不同的事情？
» 你做过最困难的一件事情是什么？你是如何做到的？
» 你的朋友们会说你最让他们喜欢的地方是哪里？
» 你对自己感到最骄傲的成就是什么？你是怎么做到的？

这里还有一些额外问句，可用于那些似乎不太容易想起自己的成功故事或美好事物的受访者，或是那些觉得自己一直饱受批评的受访者。例如：

» 咨询一下你家里的宠物(如猫、狗),它们会说你拥有哪些美好特质?

» 想象一下,你家客厅里养着一条金鱼,它已经厌倦了只是在水箱里待着,所以开始通过研究你来娱乐自己。那么,这条金鱼会注意到你有什么美好特质,是之前任何一个人都没有注意到的?

练习活动 1-15:无声的沟通

本活动由朱迪丝·米尔纳(Judith Milner)设计。

活动目的

让学员练习在会谈中,在不引发争论的情况下,挑战对方的回应。这个活动能有效地破解会谈中的矛盾与争端。

活动细节

让熟悉的 A、B 两人(如母子/女或伴侣双方等)交换角色。请两人各拿两张卡片,一张上面写有"是",另一张上面写有"否"。治疗师将 A 视作 B,并询问问句,B 通过举起写有"是"或"否"的卡片来回应 A 的回答是否正确。比如,治疗师请孩子扮演妈妈的角色,请他回答问句:"你儿子会听你的话吗?"此时,孩子说"是",而在一旁的妈妈举起写有"否"的卡片来表示不同意。这样,治疗师很快就能对母子之间的互动有所了解,而避免任何直接的言语争论的发生。

五、焦点解决取向与传统心理治疗取向的差异

许多了解人的固有方式往往集中在对问题及其原因的追寻和探讨上。这样的方式包含一种强烈的信念:人们面临的困扰往往来源于他们的童年经历,或许是抚养方式,也或许是成长过程中的一些不

好的事情。如此一来，人们便会先入为主地对过去、对已经发生的事件持有高度关注。人们这么做的目的是让自己能够理解自己所经历的任何创伤或问题。我们的文化也强化了这一点，比如大家常会听到"不处理过去的事情，你就无法继续前行"的说法。这种观点也常常出现在各种流行媒体（如杂志）中。在一些与人工作的取向里也是如此，例如弗洛伊德（Freud）的心理动力学理论。

这种对人们的问题或缺陷的关注（如认为一个人某处出错，就会影响其正常的情绪发展），在更为现代的心理疗法中仍然可见，认知行为疗法就是其中之一。在认知行为疗法里，人们的思维被视为有"扭曲"之处。这些"错误的"思维方式，是由人们的经历和环境所导致的，让人们的大脑以某种特定的方式进行"连接"。人们会以固定、无用的方法来处理和理解各类信息，从而导致对自己或他人造成伤害的行为的产生。这些人需要"重新搭线"（re-wiring），从而认识到自己对事情的现有反应是有问题的，认识到自己其实是可以学习其他行为方式的。在处理暴力议题时，这种治疗取向常被用来协助人们重新了解他们对某些点燃自己怒火的事件的自动反应，同时，也协助他们识别出可作为提醒的警告信号，并采用其他更为合理的行为来取代原有的攻击行为。

这种关注问题或缺陷的做法，把治疗师置于专家的位置，让其负责诊断问题或缺陷是什么，进而向当事人提供如何处理这个问题或缺陷的指导。在实务工作中，这样的做法可能导致当事人被充分倾听的机会减少，让"专业故事"（如问题是什么以及如何处理问题）取代了当事人自己的故事。许多专业的实务工作者会使用所属单位或机构提供的会谈提纲，来评估应该给予当事人哪种类型或级别的服务。这些提纲是预先设计的，其中包含一些被认为是与当事人息息相关且重要的系列问句（事实上也有可能的确是）。但是，使用这一类会谈提纲可能会导致实务工作者只是询问列表中根据相关议题设计好的问句，而排除了没有出现在提纲中但当事人想要说明的一些情况。

本书提及的焦点解决短期治疗的步骤遵循了由史蒂夫·德·沙泽尔和茵素·金·伯格在密尔沃基发展出来的教导模式：从关于过去的议题开始（如问题描述、会谈前的改变），接着过渡到现在（如目标、例外、评量）以及未来（如奇迹愿景与后续步骤）。虽然当事人可能注意不到这个结构与顺序，但这个结构与顺序对治疗师来说是一个很有用的提醒。

焦点解决取向的访谈流程结构如下：

- 开场介绍 / 描述问题以建立融洽的咨访关系
- 问题
- 会谈前的改变
- 目标
- 例外
- 评量
- 奇迹
- （暂停休息）
- 反馈
- 后续会谈

练习活动 1-16：练习运用焦点解决取向来处理问题（上）

本活动由保罗·杰克逊（Paul Jackson）和马克·麦克高（Mark McKergow）设计。

活动目的

让学员练习运用焦点解决取向来处理问题，并鼓励学员提醒自己会谈中进展顺利的地方。

活动细节

下表（表1.2）对"以问题为焦点"与"以解决之道为焦点"的两种工作取向的特征和重点做了对比。请学员详读后反思自己在与当事人工作时，哪些时候是"以问题为焦点"的，哪些时候是"以解决之道为焦点"的。之后，请学员反思自己做过的最好的一次会谈：会谈过程是怎样的？自己是如何做到的？表格里的哪些要素出现过？

表1.2 两种工作取向的对比

以问题为焦点	以解决之道为焦点
过去	未来
问题之处	有效之处
抱怨	进展
控制	影响
专家知道得最多	合作
缺陷	资源
复杂化	简单化
定义问题	采取行动

活动1-17：练习运用焦点解决取向来处理问题（下）

本活动由比尔·奥康奈尔（Bill O'Connell）设计。

活动目的

让学员练习运用焦点解决取向来处理问题，并鼓励学员提醒自己会谈中进展顺利的地方。

活动细节

请学员详细阅读下列表格（表1.3），然后思考与讨论以下问句：

» 这两大类问句在表达方式上有哪些不同?

» 在当前的实务工作中,你使用的是哪类问句?

» 在你使用的问句里,哪些问句对协助当事人最有用?

» 在你使用的问句里,哪些问句对你这位专业工作者来说最有用?

表1.3 两种工作取向的不同问句

"以问题为焦点"的问句	"以解决之道为焦点"的问句
我可以怎么帮到你?	当治疗成功时,你会如何得知?
你能和我说说关于这个问题的情况吗?	你想要改变的是什么?
这个问题是某些更深层次议题的征兆或症状吗?	我们是否已经阐明和确认你想要集中精力去讨论的核心议题?
你可以告诉我更多与这个问题有关的信息吗?	我们能发现问题的例外吗?
从过去的视角来看,我们会如何理解这个问题?	问题消失的未来,会是什么样子?
你觉得我们需要多少次会谈?	我们是否已经取得了足够的进展来结束会谈?

六、在各种文化中都非常有用的焦点解决问句

还有呢?

"还有呢?"(What else?)这个问句简直是无价之宝。当治疗师提出这个问句时,意味着治疗师正在密切关注当事人在诉说的故事,并且知道当事人即将吐露更多的细节信息。这个问句几乎可以用在所有情境中。令人惊讶的是,当事人通过回答这个极为简单的问句,常

会透露更多的信息和想法。

为了避免在会谈中一直重复这个问句,治疗师可以把这个问句放在当事人的最后一个回答之后并加以扩展,例如:"除了……,还有什么事情发生了?""除了……,还有什么是有帮助的?"从语言学上来说,"还有呢?"意味着对话是在持续进行的,即使治疗师还不清楚当事人目前的情况,这个问句也会有助于维持治疗师与当事人的关系。这个问句同样可以用于协助有抑郁倾向且信息提供得很少的当事人。

当会谈快结束或没有什么新信息出现时,治疗师可以说"还有任何想说的吗?",暗示这次会谈即将结束。

记得常问:"……还有呢?""……还有呢?"记得要重复多次,必要时可能得问10至20次。当然,要善用语言匹配原则(如前述问句的扩展),别让当事人觉得治疗师一直在老调重弹。

赞美的重要性

芭芭拉·弗雷德里克森(Barbara Fredrickson)(2009)在积极心理学研究中,提出了有关赞美的许多有趣特征。她将不同人际关系中的赞美与抱怨的比率进行了测量与对照。

在一般的关系中,赞美与抱怨的比率为2∶1。
在特定的朋友关系中,赞美与抱怨的比率是3∶1。
在恋爱关系中,赞美与抱怨的最佳比率是5∶1。
对于团队建设而言,赞美与抱怨的最佳比率是6∶1。
赞美与抱怨的比率一旦达到11∶1,赞美的作用便开始变小。

七、不适合使用焦点解决问句的情况 *

如果当事人提出以下议题,就不适合使用焦点解决取向的问句。

第一,生理问题。如果治疗师有理由相信当事人的主诉议题与身体原因有关(如抱怨胸部疼痛已经向左臂转移),则要建议其迅速就医,而不是提出奇迹问句。

第二,已通过验证、有标准解决方案的议题。如果当事人询问应如何撰写应聘工作的简历,治疗师可能只需要为其提供一些范例,而不是让其回答评量问句。

第三,特定技术问题的议题。如果当事人的问题与某种特定技术问题有关,例如电脑无法启动。那么,去检查电路可能比回答例外问句更明智。

第四,高度紧急或危险的状况。如果当事人出现紧急情况或危险,治疗师可能没有足够的时间在背后进行指导。在这种情况下,治疗师可能需要先采取主动措施(如给予当事人一些具有高度指导性的指令)。也许在危机解除、情况回稳之后,治疗师就可以继续使用焦点解决取向进行工作。

---

* 科尔特·维瑟(Coert Visser)。

第 二 章

发展提问技能的练习活动

Exercises to Develop Skills in Questioning

焦点解决工作的关键是,将当事人的生活经验作为会谈对话的核心。当然,每名实务工作者看待世界的方式不尽相同,对于当事人及其状况也有自己特定的看法。但是,为了能对当事人有所帮助,实务工作者需要理解当事人对于自身情况的解读方式及其对当前问题的主观评估。"无问题谈话"通常是这个方向的最佳开端,因为"无问题谈话"可以让实务工作者更加注意当事人对语言的使用、对问题的命名、认为可能的解决方案,以及他们曾尝试解决问题的经验。

在与儿童工作时,尤为重要的是实务工作者须发展出可收集上述信息的提问技巧。因为儿童可能难以表达,甚至无法说明他们在成人世界里的一些经历。同样的,一些成年人也会从这些问句中受益,能用正向的方式表述自己的处境和能力。

练习活动 2-1：与儿童开始工作

活动目的
让学员练习与儿童当事人建立联结。

活动细节
请学员在日常生活中找个机会,与一个比较熟悉的儿童谈话。在和他谈话时,假装刚刚认识他,并表现出很想知道他的一切的样子,然后提出一些问句(须考虑儿童的年龄与理解能力),例如:

» 你做过最困难的一件事是什么?
» 如果你的宠物可以说话,它会告诉我关于你的什么事?
» 如果你可以向某个人借用他目前的生活来过一天,你想要借谁的?
» 你做过什么好事是没有人知道或注意到的?
» 你曾经度过最美好的一段时光是什么时候?

练习活动 2-2：儿童和青少年的安全

活动目的
让学员练习与儿童、青少年当事人建立涉及安全议题的联结。

活动细节
步骤一
请想一想正在与你一同工作的儿童或青少年,想想你会为这名儿童或青少年的哪些有风险的行为感到担心。例如,一名青少年因没有按照要求在规定时间给自己注射控制糖尿病的药物而处于危险之中，或者一名寄养儿童试图回到以前的家中。

步骤二

请列出自己曾提供给这些当事人的所有问句和建议，并制作成一份清单。请仔细思考与回顾这份清单。接着，只保留那些产生正面效果的问句与建议（如果没有任何一个问句或建议发挥了效用，也不用担心，因为忽视、不听成年人的建议，是年轻人常做的事）。

步骤三

针对你目前的工作情境，设计一系列关于儿童和青少年安全性议题的问句。在会谈中要记得一个很重要的原则：依据当事人的不同年龄、文化程度和背景来选择合适的问句。

练习活动2-3：在儿童与青少年工作中建立自信

活动目的

让学员发现自己已有的优势技能，以在儿童与青少年工作中建立自信。

活动细节

步骤一

请列出一份你拥有的最棒的专业技能清单（需要具体，不要谦虚）。

步骤二

当你与儿童和青少年工作时，这些技能是怎样帮助你给这些儿童和青少年提供帮助的？

步骤三

选择清单中的一项技能,思考下列问句:

» 你会如何提升这项技能,使其更为有效一些?
» 你可能需要做些什么?
» 你大概什么时候可以做到?
» 与你一起工作的儿童和青少年会如何得知你在这项技能上有所提升?

练习活动 2-4:寻找例外

本活动由休·扬(Sue Young)设计。

活动目的
让学员找出儿童与青少年当事人的例外。

活动细节
活动一

当你下次需要与儿童谈论他们的问题行为时,先简要表达自己对这一行为的关心,然后询问:

» 你可以跟我说一下,这个行为什么时候是没有出现的吗?(例如,告诉我,什么时候埃米惹你生气了而你没有打她?)
» 那是什么时候的事情?
» 这样的情况是在哪里发生的?
» 你是怎么做到的?

» 这对你来说是很难的事情,还是很简单的?
» 你认为自己可以再做一次吗?
» 如果要再做一次,你需要任何协助吗?

活动二
当你下次尝试帮助那些在完成任务时总是出错的儿童时,先简要表达自己的关心,接着询问:

» 你什么时候完成过这个任务?(例如,告诉我,你曾经有把所有家庭作业都做完的时候吗?)
» 你可以告诉我,过去你"几乎完成"了这项任务是在什么时候吗?
» 你可以告诉我,是否有任何时候,你最后顺利完成了一件你一开始觉得很困难的事情吗?(然后,继续询问活动一中的问句)

活动三
当你的家人或同事做了一件让你印象深刻的事情时,请把这件事写在便利贴上,然后贴在冰箱门上或是办公室的公告栏上。

活动四
加入"反牢骚俱乐部"。请在日常生活中特别注意身边的人把事情做得很好的时候,然后,让他们自己也能注意到这一点。比如,不要批评在公共场合表现不佳的孩子的父母,而是在他们的孩子表现得不错时,立即赞美他们。

练习活动 2-5：评量问句（上）

活动目的
让学员学习使用评量问句（scaling questions）。

活动细节
请学员想想自己现在正在做的一件事（比如改造花园、节食、完成一门课程等），并询问自己：

» 用 1 到 10 分的量尺来打分，1 分代表还没有开始做，10 分代表已经完成了，你现在位于多少分的位置？

» 在 1 到 10 分的量尺上，1 分代表满意度很低，10 分代表满意度很高，对于你目前的分数，你的满意度有几分？

» 当你的满意度上升 1 分时，你会是在做些什么不同的事？

» 你认为别人（如伴侣、同事、朋友）会把你放在量尺的哪个分数上？

» 当那个人看到你有哪些不一样时，就会知道你的分数提高了？

» 还有呢？

» 你做了什么，让自己可以拥有目前的这个评量分数？

» 还有什么？

» 这是否表明你已经拥有完成这件事所需要的资源和技能？

» 在你努力完成这件事的过程中，你"还没有"用到自己哪些已经拥有的、有助于完成这件事的资源和技能？

» 为了完成这件事，你是否还需要获得其他资源？

» 为了完成这件事或达到你的目标,你可以采取的第一步小行动是什么?

练习活动 2-6:评量问句(下)

活动目的

让学员学习使用评量问句。

活动细节

请学员与伙伴讨论目前的一个业余爱好或运动,并确保这个业余爱好或运动是自己希望可以有所进步的。之后,在教室的地板上放置 1 到 10 分的标示,可以用纸张、椅子或玩具来代表每一等级的分数。接着,课程带领者说明:"1 分表示你经常表现得像你想象的那样糟糕,10 分表示你持续稳定地处在自己的巅峰状态。"然后,请每名学员走到自认为最适合自己目前状况的分数上,接着,与离自己最近的三个伙伴分享讨论。

学员也可以两人一组,互相询问:

» 你是如何达到这个分数的?

» 当你达到 10 分时,会发生什么?

» 你希望到达几分的位置?

» 你需要做些什么,来让自己到达那个分数的位置?

» 你需要什么样的协助?

» 谁最适合帮助你?

» 如果要实现这个目标,你觉得大约需要多久的时间才是合理的?

请学员记住,要完成一件大事常需要花费不少时间。因此,先设定一些能够定期达成的小目标,常会让他们在达成一个小目标之后感到满意、高兴,从而更有信心往前迈进。

练习活动 2-7:家庭与评量问句(上)

活动目的

让学员学习在家庭工作中使用评量问句。

活动细节

请学员想象目前一起工作的家庭或年轻人接受了关于自己提供的"支持与介入的有效性"的访问。那么,在 1 到 10 分的量尺上,1 分代表一点儿都不好,10 分代表受访者希望发生的事都发生了。让学员猜想当事人会给他们打多少分。当学员确认了自己猜想的分数后,思考以下问题:

» 你是做了什么才能达到这个分数的?

» 还有呢?

» 你是怎么做到的?

» 还有呢?

» 这展现了你的哪些技能、能力和素质?

» 当这个家庭或年轻人给你的分数再提高 1 分时,又会发生什么事或有什么不同?
» 你将采取哪些行动来实现提高1分的这个小目标?
» 你的技能、能力和素质会如何支撑着你与这个家庭或年轻人一起推进工作?

青少年往往很难投入传统的心理治疗。有些青少年会认为,在治疗中,他们只会被自己所认识的每个成年人都批评一顿。许多青少年在努力争取从原生家庭中独立出来,容易把治疗师视为另一个试图阻止他们的成年人。焦点解决工作比较适用于青少年,因为它尊重青少年的世界观,赞美他们并关注他们的愿望。焦点解决治疗师会聚焦于例外与奇迹的探讨,视青少年为独特的个体,鼓励他们独立,从而满足青少年对获取成年人地位的企盼,滋养他们的胜任力、复原力及希望感。

有些青少年对于他们参加的一些活动感到非常满意,也不认为减少参与这些活动有任何好处。但是,在他们所属的社会里,父母、学校或刑事司法系统希望看到他们的行为能有所改变。在权力关系上,常是那些觉得自己处在弱势或失败一方的人会来寻求治疗师的帮助。在这些情况中,治疗师与父母或学校一起工作,往往比单独和青少年工作更有成效。如果这些青少年愿意,与他们有一次会谈也是很有帮助的。会谈的工作重点仍然是寻找正向之处、例外情况及其才能所在之处,而非谈论负向问题及原因。这样做,可以让治疗师成功地与青少年建立关系。如果能与青少年进行会谈,也会提高治疗师在父母或其他相关的成年人心中的地位。这样一来,也可以避免父母或其他成年人对治疗师说"你又不知道他(青少年)是什么样的人"这类言论,贬低治疗师的效能或打断治疗工作。

练习活动 2-8：家庭与评量问句（下）

活动目的
让学员学习在家庭工作中使用评量问句。

活动细节
请学员选择一个目前一起工作的家庭。这个家庭并不配合工作，从而让担任治疗师的学员感到十分挫败。然后，请这名学员在大团体或者小组中至少再邀请两名伙伴，一起帮忙构建一组评量问句。这些问句要能帮助这位治疗师找到让这个家庭有兴趣投入治疗的方法，从而开始讨论治疗师所关注的议题。

练习活动 2-9：自信评量

活动目的
让学员学习使用评量问句。

活动细节
请学员思考并讨论："在 1 到 10 分的自信心量尺上，1 分表示完全没有信心，10 分表示有充分的信心。目前在儿童和青少年工作中，你对于使用焦点解决取向的方法拥有多大的信心？"

然后，请学员自行设计一些后续问句。这些问句是他们觉得接下来可以用来自我询问的。

练习活动 2-10：应用于学校情境的简易版本

本活动由罗恩·克拉尔（Ron Kral）设计。

活动目的

以下是焦点解决简易版会谈，适用于那些尚未准备好要参加正式治疗的青少年，也适合倍感压力的学校辅导教师使用。

活动细节

请学员两人一组，就校园中出现过的一个真实的或想象的问题，进行会谈。

» 让你前来咨询的困扰是什么？你被老师送来这里的原因是什么？

» 如果用1%到100%进行评量，1%表示很糟糕，100%表示很好，那么你的问题在哪个位置上？

» 对于这个百分比，如果在0到10分的量尺上，0分表示你感觉很不好，10分表示你感觉很好，你在几分的位置？

» 就目前情况的百分比来看，过去有比现在的这个百分比更高或更低的时候吗？

» 如果有更高的时候，你是怎么达到那个百分比的（或当时是如何维持那个百分比的）？

» 如果有更低的时候，你是如何达到目前的这个百分比的？

罗恩·克拉尔（1988）曾说，如果一开始就问青少年关于0到10分的量尺的问句，他们常会用百分比的答案来表现他们对于成人世界的优越感,所以最好先问一个关于百分比的问句。

在学校中,使用 0 到 10 分的量尺或百分比来快速测量进展,是一个很合适的做法,因为只有治疗师和当事人知道本周会谈中的"76%"或"到 5 分"指的是什么。在走廊或操场上,通过短暂的交流或一个手势,治疗师很快就能得知青少年目前对于进展的看法。

练习活动 2-11:记录儿童和青少年的情况

活动目的

让学员确定儿童和青少年当事人的需求。

活动细节

请学员在下次与儿童或青少年当事人进行对话时,尽可能准确地记录下他们对问句的详细回答。然后,使用以下提示,构思一份简明扼要的清单:

» 这个孩子有什么需求?(可列多个)

» 问题解决后,会发生什么?(需具体、明确)

» 这个孩子拥有哪些优势和能力?

» 这个孩子需要哪些服务?

第 三 章

焦点解决短期治疗原则与假设的练习活动

Exercises on Practice Principles and Assumptions

在用焦点解决的方式进行工作时，要牢记一些有用的原则和假设。当实务工作者觉得自己被"卡住"时，这些原则与假设会帮助他们有所突破。在实务工作者想对当事人进行诊断或对他们的言语进行评价时，这些原则与假设可以提醒实务工作者回到建构解决之道的轨道上来。

下面列出的各项焦点解决短期治疗的原则与假设，可以作为培训课程的讨论要点。学员可以几人一组，讨论每个要点对他们个人意味着什么。有用的问句包括：

» 焦点解决短期治疗的每个要点，在我与人合作方面有什么样的帮助？
» 我什么时候采用了与这些要点理念相符的工作方式？
» 我曾经使用哪些与这些要点理念相符的技术来工作？

一、焦点解决短期治疗的原则与假设

以下这些焦点解决短期治疗实践的原则和假设是朱迪思·米尔纳和帕特里克·奥伯恩(Patrick O'Byrne)(2017)思想的结合。

关于问题的观点

» 问题是问题,使用服务的当事人不是问题。

» 问题并不一定代表个人的缺陷。

» 问题发生在人与人的互动中,而不存于个人内在。

» 问题并不总是发生,例外永远存在。

» 复杂的问题并不总是需要复杂的解决方案。

关于过去的观点

» 事情已经发生了。探索过去,让人们互相指责;追寻目标,让人们对未来负责。

» 探索"无问题未来",可以让人们避免沉溺于过去,或掉入"必须理解过去"的思维陷阱。

» 目前一个人的诊断结果,并不能决定他的未来。

» 荷兰的弗雷德里克·班宁克(Fredrike Bannink)(2014)建议实务工作者谈论"创伤后的成功"(Post Traumatic Success),这会比诊断"创伤后应激障碍"(Post Traumatic Stress Disorder)

更能带来希望。

关于改变的观点

» 变化总是在发生。没有任何事情是一成不变的。
» 即使看起来似乎是很小的变化,都有可能非常重要。
» 改变可以通过谈话来构建。

关于谈话的观点

» 倾听当事人的话是非常重要的。
» 采取"未知"(not-knowing)的立场,可以避免实务工作者过早地产生强加于人的判断。
» 保持在对话的"表面"进行会谈,而不是"向下"进行挖掘。任何所谓对意义的探寻,都有可能只是实务工作者个人的理解而已。
» 人们在用不同的方式体验和理解世界。每个人对现实世界的理解都可能不尽相同。

关于解决之道的观点

» 需要确认的是哪些是对的,而非哪里出错了。
» 当事人拥有足以解决问题的资源,需要协助他们寻找与确认这些资源。
» 由当事人自己找出解决之道可能更有意义,也更有可能实现和成功。

- » 将你认为有效的方法强加于当事人,并不会对他们有帮助。应该找到当事人自己认为有用的方法。
- » 增加当事人的选择(如增加选择的向度),可以引发他们行为上的改变。
- » 工作目标要对当事人有意义,才能成功实现。当然,这些目标必须符合法律与道德规范。

二、实践原则

实务工作者与当事人之间的关系是助人工作能否成功介入当事人的生活的关键。即使有些当事人当下的行为可能对自己或他人有害或无益,实务工作者对每一位当事人都保持尊重,这是很重要的。这样的尊重态度能给当事人的未来带来希望,也可能会引出新的行为。当然,有些人可能不习惯受到尊重,也可能从未受到过尊重;有些人可能期待被告知应该做什么,或者认为专业人士应对他们进行诊断或提供建议,而不愿意或无法对自己的生活承担起相应的责任。焦点解决取向认为,人是有价值的,每个人的心中都有解决之道的种子,每个人也都倾向于成为"好"人,希望自己能对这个世界有所贡献。

三、共情

"共情"(empathy)这一概念基于卡尔·罗杰斯(Carl Rogers)具有影响力的治疗理念,它早已渗透到各种公众服务工作中。治疗师被告知需要具备共情的能力,要能理解他人的情感,能真正感受他人的痛苦或处境。诸如"设身处地"这类耳熟能详的说法,在我们身处的社会中具有一定的文化意义。焦点解决取向不忽视任何情感,也不认为情感是无关紧要的而不加以理会。焦点解决取向认为,人对于情感的理解以及表达情感的方式受文化和环境的影响。无论是言语、语调、动作还是其他行为,情感的表达都是通过行动来展现的。例如爱,和其他情感一样,代表了我们对他人的一种感受。就爱来说,我们希望对方对我们也有着同样的感受。当我们说某个人"爱"着另一个人,是不够清楚的,因为这涵盖了对这个人以及这个情境来说诸多的特定意义。更有用的做法是,问一些关于某个人"如何"(how)爱另一个人的问题,这可以使"爱"这个词变被动为主动。

在对话中,把一个词从动词转换为名词,有助于回答问题的人想起更多与这个词相关的具体行为。比如,"我爱……"是很模糊的表述,将动词"爱"转换为名词"爱","你如何表达爱?"(how do you do love?),当事人就会联想起更多关于如何表达爱的具体行动。

例如,当事人说"我爱她",这个描述是很模糊的,想要了解更多的细节,可以询问当事人:

» 你如何表达爱?

» 对方怎么知道你爱她?

» 你做了什么让自己成为一个有爱人能力的人?

» 当你在爱一个人时,你觉得自己做得最好的是什么?那是什么时候做的?

» 当每个人都看得到你是爱她的那个时候,你是在做什么?

练习活动 3-1：从情感到行为

活动目的

帮助学员辨识人们如何表达情感；帮助学员辨识哪些行为会影响情感。

活动细节

请学员几人一组，依据下表（表 3.1）进行讨论。小组成员尝试通过特定行为的描述来确定人们是如何表达下列这些已被确认的情感的，以及什么样的可观察的行为能表达人们的特定情感。

表 3.1　情感及其表达方式

情感	如何表达
幸福（happiness）	
悲伤（sadness）	
愉悦（joy）	
痛苦（misery）	
关爱（caring）	
关心他人（concern for others）	
内疚（guilt）	
尴尬难堪（embarrassment）	
良好的自尊（good self-esteem）	

练习活动 3-2：描述情感的行为

活动目的

帮助学员辨识人们如何表达情感；帮助学员辨识哪些行为会表达情感，以及如何去辨别这些行为。

活动细节

请学员几人一组，依据下表（表 3.2）进行讨论，尝试辨识每名学员在他们的人际交往中是如何展现出以下这些相关技能的。

表 3.2 技能及其表现方式

技能	如何表现出来
共情	
善于倾听（listening）	
关心他人（caring）	
不品头论足（non-judgmental）	
有同情心（sympathy）	
善解人意（understanding）	
乐于助人（helpful）	
有用（useful）	
有效（effective）	

练习活动 3-3：接纳痛苦的情感

本活动由卡尔·罗杰斯提议。

活动目的

帮助学员在对话中借助可能的、带有暗示性的微小信号来接纳某些情感。

活动细节

在生活中，大家可能都体验过对自己处理生活中问题的能力产生严重影响的情感。如果不接纳这些情感，我们会变得越来越迟钝。焦点解决框架内的对话，不仅反映当事人如何描述自己的情感。焦点解决取向认为，我们即使被目前处境中的种种负面情绪淹没，也仍有机会去探索潜在的优势和例外。当我们讲述一个有关失败、苦难、伤害和绝望的故事时，听故事的人仍可展现或持有"改变是有可能的"的开放态度，来予以接纳和认可。对于生活中已经发生重大负面事件并感到不知所措的当事人，治疗师仍可考虑采用以下的方式进行回应：

» 目前（或这一次），这件事情真的是让人感到担忧（或害怕）。

» 你以前有过……的感受吗？你上次是怎么从中走出来的？

» 所以，到目前为止，你还没打败过……（前面提到的感受）？

» 你是如何阻止目前的情况变得更糟的？

» 你是如何在感受到……的同时，还能继续前行的？

» 但是你仍然设法去了医院，你是怎么下定决心的？

四、倾听

倾听是与人工作时所需的关键技能。然而，倾听并不简单。在我们倾听他人说话时，他人被问到的问题以及我们对他人所说的话的理解，都会影响到倾听的这一过程。在对话中，一个需要克服的障碍是弄懂对方所说的话。尽管我们毫不知情，但我们对他人的确有着各种各样的理论上的理解。在我们认为自己有好好听他人讲话时，这些理解其实也影响了我们的判断。

焦点解决取向提醒我们，别过早对他人所说的话下定结论。焦点解决取向更倾向于采取"未知"的立场。这种立场可以说是一种好奇，对他人所说的话持一种开放态度，因为这种立场建立在两种假设之上，一是我们对他人所说的话毫不知情，二是我们可能会对他人的话有所误解。这样做时，我们会更容易发展出后续的问句来进一步了解当事人及其处境，否则，我们可能会错失这个机会。

练习活动 3-4：好奇式提问

活动目的
让学员练习好奇式提问，提高倾听技巧。

活动细节
请学员两人一组，回想自己做过的最好的一次会谈，接着轮流询问对方到底做了什么。接着，只需要继续询问以下问句：

» 你是怎么做到的？

» 还有呢?
» 还有呢?
» 还有呢?
» 还有呢?
» ……

持续问,一直问到你觉得累了,或对方没有新的回答为止!

练习活动 3-5:提问与回答

本活动由马丁·弗莱彻(Martin Fletcher)设计。

活动目的
帮助学员练习从猜测当事人的动机,转为探索当事人目前的困扰。

活动细节
请学员三至五人一组,给他们一张清单,上面列有一些当事人对问句的回答,但是并没有与之相对应的问句。清单中的每一个回答都来自治疗师与不同当事人的单独对话,因此,每个回答之间没有任何联系(每个回答都出自不同的案例)。针对各个回答,小组学员必须讨论与提议下一个问句是什么最为合适(而不是如大多数人常想的,讨论究竟是什么问句引出了这个回答)。

» 在我 4 岁时,我就已经可以与母亲就她的病情进行理智的交谈了。
» 我无法回答这个问题,因为我正在努力应对目前这个我无法避免的问题。

» 当我感到沮丧时,我只是想一个人待一会儿……但有时候,我并不知道自己的感受到底是什么。

» 当时我不知道如何回应我姐姐说的话。

» 我之前认为我可能会发疯。

» 我母亲会最先注意到。

» 即使当时我已经道歉了,但是你总是在我们一有争吵时就提起这件事。

» 孩子们同意我的说法——你的行为实在是太可怕了。

» 我之前不知道该对伴侣所说的话做出什么反应。

» 当我到 5 分时,我就会认为她是有可能改变的。

» 我想都不用想就知道他酗酒的毛病永远也改不掉。

» 我之前以为我可能会发疯,之后,我注意到,他一直在改变他讲过的话。

练习活动 3-6：倾听当事人

活动目的

培养学员倾听的技能；向学员强调准确倾听当事人所说的话的重要性；让学员练习暂时搁置自己对当事人问题的任何假设。

活动细节

请学员两人一组。学员 A 分享自己正在经历的一个小问题。学员 B 须仔细聆听,并使用学员 A 描述情况时所用到的词来进行反馈。

练习活动 3-7:字词观测

活动目的

通过这一练习,让学员时常提醒自己在工作中关注当事人本人,而不是当事人的问题。同时,向学员强调"去标签化"的重要性。人们的"标签"容易使我们对他们的行为产生错误的、先入为主的理解。

活动细节

请学员回想最近遇到的一名带有"标签"的当事人,"标签"如"难对付的""无法沟通的""恶霸""受害者"等。接着,请学员思考:

» 你是如何避免让自己用这个"标签"来看待当事人整个人的?
» 你是如何发现那些例外的——当事人与其"标签"不符的时刻?
» 当事人对自己的"标签"是如何理解的?你又是如何发现的?
» 当事人同意这些"标签"吗?

五、无问题谈话

与当事人的对话中往往充斥着对问题的描述,这是可以理解的。因为大多数专业对话都基于人们正在经历的、想要或需要解决的一些问题或困难。然而,谈论问题可能会让人产生更多无望和绝望感,而这样的感受会让改变更难发生。焦点解决取向的工作方法试图避免这种问题式讨论,正如丹尼斯·萨利比(Dennis Saleebey)所说:"只有当人们开始创造新的可能时,他们才会朝着令自己更满意的方向前进,问题才会消失或者减少影响力。"

六、透明化

在人际交往中,误解时常发生,其中包括对交往目的的误解、语言上的误解以及对彼此所扮演的角色的误解。在与人交往时,保持透明化(transparency),既是对他人的一种尊重,也会帮助建立良好的人际关系。人际交往中的透明化就是展现出一种无须隐藏什么的态度,任何权力和权威都是可以被看见的,而不是模糊运作的。如果会面的目的是明确的,那么大家就可以朝着商定的目标一起努力。焦点解决工作有助于人际透明化的提高,因为其问句正是为当事人提供相应的协助而设计的,而不仅仅是为了收集可供实务工作者解读的信息。透明化可以帮助当事人理解实务工作者的意图,也能帮助实务工作者厘清自己的意图。焦点解决短期治疗并不关注当事人的病理或缺陷所在,也不尝试寻求符合预设理论的"真实"答案。它所关注的是找到当事人的例外和优势,并达成双方都同意的、可实现的目标。

练习活动 3-8:透明化

活动目的

让学员练习对自己的职责范围和限制持有一种开放态度;向学员强调实务工作者对当事人持有开放态度的重要性;让学员与当事人分享自己对于当事人以及当事人问题的理解。

活动细节

阶段一

请学员两人一组,一人扮演实务工作者,另一人扮演当事人(可以扮演自己协助过的当事人),进行第一次会谈。扮演实务工作者的学员须充分解释自己的专业职责,并依据国家、地方和机构的法令与规定,向扮演当事人的学员说明其提供的信息会被如何保密以及保密的例外。

阶段二

扮演实务工作者的学员须简要说明自己在工作中使用的流派或取向。在这一练习中,学员可以使用任何介入方法。需要注意的是,扮演实务工作者的学员一定要让扮演当事人的学员了解自己所用的专业知识的基本特征,以及自己是如何了解他人的。这一点非常重要,因为不少当事人会接受几名拥有不同专业背景的实务工作者的协助,所以当事人有权知道,这些实务工作者会如何用不同的方式来处理问题。

练习活动 3-9:反馈的透明化

活动目的

展示实务工作者对所听到的内容的开放态度;让学员练习准备焦点解决反馈记录。

活动细节

请学员两人一组,一人扮演当事人,一人扮演实务工作者,就一个小问题进行十分钟的会谈。在会谈中,实务工作者需要记下当事人所使用过的词,然后使用这些词和以下的结构框架,给予反馈:

» 问题。
» 解决问题的进展(到目前为止,当事人已经做了什么)。
» 解决方案(当事人是如何做这些事情的)。
» 后续步骤(当事人决定下一步做什么来进一步解决问题,以及谁将可以提供帮助)。
» 与扮演当事人的学员确认这个反馈是否准确。

练习活动 3-10:儿童保护工作中的透明化

本活动由苏茜·埃塞克斯(Susie Essex)设计。

活动目的

让学员练习向儿童解释实务工作者的职责;向学员强调确保儿童理解实务工作者的权力范围和限制的重要性。

活动细节

阶段一

请学员两人一组,一人扮演目前被儿童保护工作人员转介而来的儿童,另一人扮演前来家访的实务工作者。扮演实务工作者的学员需要绘制一幅火柴人图画,来向儿童说明家访的原因。图画中可能会包括法院或案例会议,还包括让实务工作者来访的家庭事件。

阶段二

请学员在实务工作中对真实的儿童当事人重复这个过程。一定要确保当事人看懂了实务工作者所画的图。之后,请当事人再画一幅火柴人图画,展现自己心目中快乐又安全的家。

练习活动 3-11：儿童保护工作中成年人的透明化

活动目的

让学员练习如何与当事人开展合作；向学员强调明确实务工作者与当事人的目标有何不同的重要性。

活动细节

请学员就目前正在处理的儿童保护转介案，列出自己和其他人所关注的跟这个当事人有关的议题，并将其列于下表的第一栏（表 3.3）。接着，努力找出当这些议题全都不再存在时，当事人会做些什么不同的事，并将它们列于下表的第二栏（这一栏应包含可被验证、被测量、被看见的具体行为）。之后，再询问同组的伙伴（或许他们关注到了其他议题），他们认为哪些人、事、物可以帮助解决这个问题，然后填写第三栏。同时，学员也要考虑一下，究竟需要发生什么，自己才能满意地结案。最后，初步制订一份行动计划，并填入第四栏。

表 3.3

关心的议题	无前述议题时当事人的具体行为	结案所需的人、事、物	初步行动计划

七、优势

焦点解决取向关注的是如何发现人们拥有的优势，即使他们不见得意识到了自己已经拥有这些优势。我们经常发现，人们不愿意承认自己拥有优势，且更习惯于谈论问题或缺陷。这其实是要避免的。谈论问题或缺陷会让人感到无助和绝望，这些情感对于构建正向的解决方案并没有多大的帮助，即使有些人可能真的喜欢讲述那些痛苦的回忆；有些人在成长过程中被不断灌输一种观念，即说自己擅长某事是一种自吹自擂的不当行为；也有人在小时候受到过严厉批评，因此学会避免承认自己是有能力的、有创造力的或真的拥有优势和成功经验的。有时，优势被隐藏得很好，但优势也会"目光炯炯"地"盯"着我们，只是我们"有眼无珠"而已。焦点解决实务工作者提供的是一种协助，鼓励人们认识到自己的优势，即使这些优势可能会被忽略、被怀疑或被否认。

练习活动3-12：专注于优势

活动目的

帮助学员练习寻找优势而非缺陷；帮助学员学习提出焦点解决问句。

活动细节

丹是一名年轻人，他经历了人生中的重大挫折。他在很小的时候就被父母抛弃，随后被安置在一系列令人不知所措、不适合的寄养家庭或机构中。现在，丹十七岁了。他感到孤独、痛苦，努力想要交朋友,甚至出现自伤行为,觉得很难改变自己的生活。他被转介到一个协助被孤立的青少年的专业服务项目里。约翰是一名接受过依恋理论训练的助人工作者。在听了丹描述他的问题和感受后,约翰向丹表示,他认为丹的问题根植于他不幸的童年经历,而正是他不幸的童年经历导致了他根深蒂固的生活方式。约翰的受训背景和经验让他相信,丹可以解决自己的问题,但这需要通过探索丹的过去,并持续进行每周会面至少两年,才能实现。丹感谢约翰愿意提供帮助,但他很难想象去投入这样一个如此漫长的项目。丹陷入自己的过去,自伤行为变得更加严重。

请学员使用下列表格(表 3.4),列出丹所拥有的优势和资源。然后,准备好一些问句,以探询丹的更多优势和资源。

表 3.4

优势和资源	进一步探询优势和资源的问句

练习活动 3-13:关注自己的优势

本活动由休·扬设计。

活动目的

请学员思考在讲故事的过程中,情感对表达方式有什么影响;让学员认识到通过关注优势和成功之处来改变思维方式的重要性;让学员体验关注问题可能会带来的后果。

活动细节
阶段一
请学员两人一组，回想自己过去已经取得的成功，如通过了驾驶考试、在考试中取得高分、得到了一份想要的工作等（有些学员可能很难做到这一点，记得鼓励他们）。请学员尽量回想起当时伴随这些成功事件而来的立即且直接的感受，以及这些感受引发了哪些自我对话（在脑海中、在与他人的对话中、在自言自语中）。

请学员相互询问，了解对方的一个成功之处或成就，他们对这个成功之处或成就有什么样的感受，这件事让他们进行了怎样的自我对话，最后再与大团体分享。

阶段二
请学员回想一次失败的经历（人们很容易想起失败的经历，但是如果有学员从未失败过，那么请他们回忆自己做得不太满意的经历即可）。请学员试着回想当时伴随这种失败而来的立即且直接的感受，以及这些感受引发的自我对话（在脑海中、在与他人的对话中、在自言自语中）。

两名学员再次相互询问，了解对方的这次失败是怎么样的，他们对这次失败有什么样的感受，这件事让他们进行了什么样的自我对话，最后再与大团体分享。

阶段三
请学员讨论，在回想起前面的两个事件时，随之而来的感受有什么不同，从中自己又学到了什么。

练习活动3-14：引出技能

活动目的
帮助学员发现自己已有的技能。

活动细节
请学员回想自己对一位当事人的专业干预，及这次干预产生的正向的作用。接着，运用下列问句，引导学员进行思考，对于当时的情况有无一些新的想法，或者下次再遇到类似个案时，哪里可以做得更好。

» 对于问题的性质，你是如何与当事人达成共识的？
» 你认为当事人对于你对这个问题的理解有多清楚？
» 对于结案，你与当事人是如何达成共识的？
» 你为结案做了什么样的计划？
» 现在回想起来，你觉得你能否更早地结案，并保证干预产生一定的作用？
» 如果可以更早结案，你需要怎么做？

练习活动3-15：引出优势

活动目的
让学员练习关注当事人做得好的地方；让学员设计一些能引出当事人优势的问句。

活动细节

请学员阅读与思考下面的案例和问句,再与另一名学员两人一组分享讨论。

实务工作者安娜拜访了被诊断患有抑郁症的玛丽,因为有人担心她在照顾自己与孩子方面存在一些问题。玛丽的家很昏暗,即使在白天她也要拉上窗帘。在家访过程中,玛丽显得非常不开心,也表达了自己对目前状况的痛苦感受以及作为母亲的失败感。安娜听到这些之后,便邀请玛丽说一些她和孩子们所擅长的事情。玛丽起初有点困惑,但还是能列出她和孩子们的一些优点和成就。之后,玛丽开始意识到,对于孩子们的这些优点和成就,她是有所贡献的。

安娜还问了更多关于玛丽优势的问题,例如,玛丽患有抑郁症,她是如何做到鼓励孩子的这类问题。于是,玛丽能开始谈论自己,也能说说自己作为母亲的一些美好特质。这样的对话并不是开场闲聊,而是一种工具,帮助玛丽思考她是如何善用自己暂时隐藏起来的优势来应对抑郁症的。当玛丽在安娜的邀请下开始辨识出孩子们让她感到骄傲的事情,包括那些让她开怀大笑的事情时,她们之间的谈话变得令人开心和愉悦。在会面结束时,玛丽的心情好了很多,与安娜共同合作来解决问题的意愿明显变强了。当安娜要离开时,玛丽打开了窗帘,让阳光洒进了屋子里。

以下是可以帮助引出当事人优势的问句:

» 除了让你来这里的原因,我对你知道得并不多。你愿意多说一些关于你自己的事情吗?好让我更好地认识你。

» 你对什么事情感兴趣?

» 你喜欢什么?

» 你擅长什么？

» （询问当事人的家人）当事人做什么事情，会让你为他（她）感到骄傲？

学员可以根据下列提示进行反思：

» 如果你是玛丽，你会如何回答上述这些问句？

» 当你回答这些问句时，心里有什么样的感受？

» 对以上的问句进行思考，接着想想你还可以提出哪些类似的问句。

八、与难以合作的当事人工作 *

有时，治疗师会发现某些当事人很难合作，例如有成瘾行为的当事人或拥有特定个人特质的当事人。通常，在初次见面的人中，我们喜欢的有 10%，不喜欢的也有 10%。我们如何与中间的这 80% 的人相处，与我们的社交技巧和经验有关。我们会注意到，即使与不喜欢的人交谈，我们仍然能从彼此的互动中学到一些东西。

请学员尝试假装喜欢身边的同事或机构约一周的时间，或请学员尝试用几分钟的空闲时间，与那些自己通常不会交谈的同事有些互动。这样做时，学员会发现，自己的人际关系竟朝着积极的方向发展了。

---

* 朱迪丝·米尔纳和史蒂夫·迈尔斯（Steve Myers）。

练习活动 3-16：讨论有难度的议题

活动目的
让学员学习如何与当事人讨论有难度的议题。

活动细节
请学员尝试询问一个有文身的人（如果学员自己有文身，也可以问问自己）：

» 我注意到你有文身，你愿意谈一谈吗？

» 你能够谈谈这个文身的含义吗？

» 它象征或代表什么特别的人、事、物吗？

» 是什么让你决定文身的？

» 文身是否代表着某种立场？代表支持或反对什么吗？

» 它标志着你人生中的一个特定转变吗？

» 文身的存在，给你的生活带来了什么变化吗？

» 对你来说，文身是否暗示着你是谁，或者代表着你认为对你来说重要的东西？

请学员讨论如何修改上述问句，使它们适用于有自伤行为的当事人。

练习活动 3-17：讨论成瘾议题

本活动由约翰·皮拉亚（John Pihlaja）设计。

活动目的

对酒精、毒品、手机上瘾，不会给我们带来任何好处。一方面，不为社会所接受，是人们十分害怕的事情；另一方面，朋友的批评或对失去朋友的担心，常让人们不太愿意谈论成瘾议题，也不愿意为此寻求帮助。本活动能帮助学员练习与当事人讨论成瘾议题。

活动细节

请学员两人一组，一人扮演治疗师，一人扮演有成瘾习惯的当事人。扮演当事人的学员选择一个自己的习惯或真实案例中当事人的习惯进行反思，并填写下表（表3.5）。

表 3.5

反对这个习惯的原因	这个习惯造成的孤立与排挤	这个习惯带来的好处	这个习惯让你失望之处

以下是关于药物滥用或其他成瘾议题的问句：

» 对你而言，使用……（成瘾药物名）是有好处还是没有好处？

» ……对你的生活、你身边的人、你的人际关系产生了什么影响？

» 如果给你选择权,使用……的生活和远离……的生活,你会选择哪种?

» 被……主宰的生活,真的适合你吗?

» 对于……,你是如何处理的?你对……发挥了什么样的影响力?(例如,你的上瘾怎样对吸食……的这个习惯造成影响?你有让药贩子更容易找到你或让他们给你一些折扣吗?)

» ……让你的生活变得困难的这种情况,持续多久了?

» 跟我说说你能暂缓服用……的那些时候。

» 当你拒绝服用……,对你来说,这意味着什么?

» 你对自己削弱……的影响力的能力,有着什么样的看法与评价?

» ……是否希望你有自己的想法并成为你想要成为的人,还是只是要你变成被它挟持的人?

» 生活中什么样的事情/想法/因素会让……能够顺利"召唤"你?

» 在你感觉到控制了……的那段时间里,有什么人、事、物帮了你的忙?

» 跟我说说……没能成功阻止你追寻希望和梦想的那些时候。

练习活动 3-18:迈向奇迹的步骤之阶梯模型

活动目的
让学员练习帮助当事人关注每一小步行动。

活动细节

请学员绘制一个阶梯,阶梯的顶端是奇迹愿景成真后的样子。请学员详细说明,在迈向奇迹时,他们所跨越的每一个阶梯上,都会发生什么事情。

练习活动 3-19:避免复发的问句

本活动由吕克·伊瑟巴尔特(Luc Isebaert)设计。

活动目的

许多有酗酒问题的当事人不愿意考虑复发的可能性。以下问句可以发挥提醒的作用,鼓励当事人采取合理的预防措施。

活动细节

请学员两人一组,就酗酒或者其他成瘾议题练习下列问句:

- 你将采取哪些措施来避免复发?
- 喝了一杯酒之后,你会采取什么措施?
- 喝了三杯酒之后,你会采取什么措施?
- 喝了一天酒之后,你会采取什么措施?
- 连续喝了三天酒之后,你会采取什么措施?

练习活动 3-20:与不喜欢的当事人工作

活动目的

让学员练习与不喜欢的当事人建立合作互动。

活动细节

请学员就目前工作中不想与某位当事人合作的一个情境,思考如何免受内心的厌恶感的影响,继续与当事人进行建设性的合作。

接着,请学员列出三个可以在与这位当事人工作时采用的不同做法,以让自己的工作更加愉快、有效。

请学员四人一组,分享与讨论活动心得。

第 四 章

焦点解决短期治疗会谈开场的练习活动

Exercises When Beginning a Solution Focused Session

对于史蒂夫·德·沙泽尔来说，心理治疗的本质是协助当事人在目前的状况下做出改变。在接受 MRI 的培训之后，史蒂夫·德·沙泽尔意识到，几乎任何变化都可能是有益的，而且，人只能改变自己，无法改变别人。焦点解决短期治疗的初次会谈是最重要的。对很多当事人而言，在第一次会谈中，大部分工作就已经完成了。与其他心理治疗取向不同的是，焦点解决短期治疗从与当事人接触的一开始就启动了，而非先去详细地探究当事人的过去之后才开始。

但是请注意，如果是个人执业的治疗师，在第一次会谈之前，请不要询问任何焦点解决问句（包括在当事人进行电话预约时），最多就是请他们多去注意"会谈前的改变"（pre-session changes）。不然，他们可能会因为你问的那些焦点解决问句而自愈，就不再需要前来治疗或咨询了（那么当事人就不用支付任何费用啦！）。我在自己的实务工作中发现了这一点，茵素·金·伯格在她的一个工作坊中也证实了这一点。当然，这只是个玩笑。

在第一次会谈中当事人开始谈论他们的来谈议题时，在当事人描述问题的过程中，治疗师需要特别注意当事人在会谈前已经做出的改变。这有助于治疗师和当事人建立关系。之后，再将会谈的重点转移到此时此刻，检视来谈问题所对应的目标和例外。治疗师可以借助含0到10分的评量问句来协助当事人定义其想讨论的主题。奇迹问句特别能激发当事人的创造性思维，鼓励当事人探索可能的未来，可成为发展出未来计划的一个有力工具。在焦点解决短期治疗会谈结束时，治疗师会给予当事人反馈。反馈的重点在于当事人想要的未来、与实现未来有关的个人优势以及后续步骤。第二次和后续会谈遵循一个简单的流程，即检视自上一次会谈以来又有哪些进展 — 进一步使用评量问句 — 讨论后续步骤。我发现一个很有用的做法是转变思维方式，从关注充满问题的过去转而关注富有希望的未来。如此一来，会谈的重点将逐步转向当事人想要的未来。本章和下一章将详细介绍会谈过程的细节，并举例说明。

在学习焦点解决短期治疗之后，实务工作者大多会发展出自己的运用模式，包括进行部分修改或增添新的要素。然而，就像学习弹奏乐器一样，在能即兴创作之前，有必要先从基础技能入手。因此，焦点解决会谈的基本流程就显得十分重要了。同时，治疗师也要知道，会谈过程是灵活的。例如，当事人自己提到了一个奇迹、一个量尺或者一个百分比，那么治疗师可以选择立即切入这个议题，而不是遵循原来的焦点解决会谈步骤。又如，如果当事人对目标或评量问句的回答十分详细且正面，或许可以不用再询问奇迹问句了。不过，根据我的经验，对奇迹问句的思考和回答总是会引出当事人对未来的一些新的最大期望。

某种意义上，语言包括非言语行为。语言本身就是一种行为，因此会谈中对于某一行为的描述，可能是值得被记录下来的。如果有人用语言描述自己做某事，那么他描述的这个行为就更有可能被做到。如果有人说"我能做到"，那么这件事就更有可能被实现。而讨论如何实现改变，是所有心理治疗中常见的一个重要因素。

许多治疗师喜欢对当事人所说的话进行阐释、概括，但这可能让当事人觉得治疗师的看法与自己所说的并不一致，甚至是矛盾的。因此，当治疗师想要这样做的时候，持有尊重的态度是很重要的，同时也要向当事人说清楚，这样做只是想尝试厘清自己对当事人所说内容的理解是否正确。

在本书中，我们将按照史蒂夫·德·沙泽尔和茵素·金·伯格所创建的会谈流程来进行介绍，顺序是：自我介绍、问题描述、会谈前的改变、目标、例外、评量问句、奇迹问句、会谈结束前的反馈。

一、自我介绍与问题描述

问题描述阶段获得的信息，在之后讨论目标和例外时会很有用（详见之后的会谈流程介绍）。对问题有一个基本了解，日后就可以更轻松地评估进展。当事人重复描述问题与困境是十分常见的，这也许是因为人们认为心理治疗需要这方面的信息。弗洛伊德的自由联想技术（free-association technique）基于他的一个信念，即如果当事人拥有足够的机会来谈论前来治疗的问题，他们终究会耗尽自己描述问题的精力，而不得不揭示新的"材料"给治疗师。

在会谈开始阶段，让当事人进行一段问题描述。之后，如果当事人要再次描述问题，治疗师则更容易进行打断或重新引导会谈。

在此列举一些可以用来开场的问句。

开场问句

» 你好，我的名字是……，你希望我如何称呼你？

» 你今天想要从这里获得什么？

» 在本次会谈结束时，对你而言，有什么不同，会让你觉得前来会谈是很值得的、很有意义的？

» 你能告诉我一些关于你自己还不错的事情吗？

关于问题本身的问句

» 这个问题发生的频率是？

» 它持续了多长时间？

» 它以前发生过吗？

» 那以前你是怎么处理的？

» 当问题发生时，人们会注意到什么？

» 接下来发生了什么？

» 然后还有什么？

» 还有呢？

» 当问题发生时，如果我是歇在墙上的一只苍蝇，我会看到些什么？

从会谈一开始，就尽可能地使用当事人的语言。运用策略学派治疗的 MRI 工作人员注意到，采用当事人自己对问题的命名，会比使用专业术语要有效得多。使用新的专业术语，常会让当事人感觉自己受到了反驳，也会贬低当事人对于自己当下情况的理解的价值。除非治疗师是为特定目的引入专家"行话"，否则最好避免使用专业术语。

进行一段"无问题谈话"，通常是一个很好的开始。特别是当当事人在一开始似乎不太确定自己想要谈些什么时，花几分钟谈论他们喜欢的人、事、物或他们拥有的技能，会让他们有时间思考自己想要的是什么。另一个做法是收集一些客观信息，如当事人的职业、居住地以及他们的家庭与社区信息等。这些信息通常是中立的、与问题无关的，能提供一些有关当事人社会背景和优势的有用信息。同样，如果治疗师觉得对当事人来说，会谈的节奏好像太快了，那么简短地谈谈关于兴趣、爱好、技能的话题，也会有助于适当地减慢速度。后续关于例外的问句，通常也会产生一些类似的效果来发展出会谈主题。

如果一个会谈有多人参与，很重要的是询问在场的每一个人，他们是否在问题的描述上达成了一致，以及是否已经出现了任何变化。这样做，不仅能得到一些有用的信息，也能鼓励在场的每一个人为解决方案做出贡献。

有时，当事人会一口气说很多个问题，或表示他们不知道从哪里说起。在短期治疗中，一次只处理一个问题，是十分重要的原则。因为如果会谈焦点在不同问题之间来回切换，那么当事人和治疗师可能难以取得任何进展。

除此之外，在焦点解决短期治疗的实务工作中，很少需要处理第二个问题。因为解决一个大问题会释放足够的能量，让当事人可以自己去处理其他问题。当然，这并不排除有些当事人会先"测试"治疗师是否能解决一个小问题，然后再告知治疗师另一个更重要的问题。在这种情况下，有必要向当事人确认，他们想要优先与治疗师讨论的问题是什么。

史蒂夫·德·沙泽尔在很多场合都说过，在焦点解决工作中应该避免使用"为什么"这个词。使用"为什么"一词，常会让治疗师得到不确定或过于宽泛的回答。这些回答无助于厘清当事人的目标或行为。如果需要了解更多关于导致目前这一结果的过程细节，用我们经常说的"……是怎么发生的？""这是怎么一回事……？"来询问，会是一个不错的选择，因为这些说法更有可能引出当事人对行为的描述。

如果治疗师从当事人那里听到"应该"（should）这个词，请记得仔细聆听。在语言中，"应该"有两个含义。例如，在"财务部门'应该'给你发工资"这类陈述中，"应该"表明了财务部门这么做是正确的，发工资是它的责任，这是一种具体的表达。但是，另一种"应该"则没有这么具体的含义。如"'应该'采取这种行动"这类表达，通常指的是一种情感性行为，是不能或不会被当事人所控制的。"我'应该'原谅他……"或"我'应该'不再担心"就是这类例子。这些"应该"可能代表了"我被告知我'应该'……"。因此，询问当事人"'谁'说你应该……？"会是一个有用的回应。这表示当事人过去或现在的生活中存在一个特定的、有影响力的人。在目前的情况下，这个人的意见可能是不合适或无益的。

请上课学员自己注意一下，当他们对自己说"我'应该'做……"的时候。让他们试试另一种说法："跟我念一遍，我是'能够'（could）做……的，而且，我还有别的选择。"让他们感受一下这样的说话方式会产生什么不同的效果。当然，也可以建议前来治疗的当事人经常练习如此对自己说话。

类似地，如果听到当事人说"大家都认为……"或"每个人都知道……"时，治疗师可以问："在你的生活中，有谁说过/认为/知道……呢？"这也会是一个有用的回应方式。当事人有这样的反应，通常是因为有一个对当事人来说有影响力的人曾经说了一些话。时不时在会谈中聚焦到这个人的话题上，会有所帮助。或者，在会谈后期，让当事人猜想这个人会对奇迹和其他改变有什么看法,也是一种有用的做法。

很少会有当事人提出一个他们从未告诉过别人的问题。如果真的发生了这种情况,那么这个问题往往是童年时期的性虐待经历或一些重要的家庭秘密。在这种情况下,可能需要先听当事人讲完故事,然后再逐步转向焦点解决工作。

然而,治疗取得进展不一定总是需要当事人来揭露某些故事。治疗是否有进展,仍取决于当事人的目标。有时,治疗师可以这样问当事人:"想象一下,如果你真的告诉了我全部的故事,对你来说,情况会有什么不同?"如果一位当事人坚持要重复一个冗长的故事,那么,在其每次停顿时,治疗师可询问:"接下来发生了什么事?"这样会让当事人的故事可以向前"快进"。用这样的方式,治疗师可以表现出持续关注当事人的态度,同时减少对无关细节的停留与讨论,从而使得当事人的故事述说得以向前推进。

二、会谈前的改变

解决一个问题,通常不会是从见了治疗师才开始的。大多数人会先尝试一些做法,最后才会选择前来治疗。预约临床医生或治疗师常是处理问题的结果,而不是解决问题的第一步。西班牙萨拉曼卡的实务工作者发现,那些认为自己在某些事件中具有一定影响力的当事人,经常在会谈前就做出了一些改变。这也常预示着他们的治疗会取得良好的结果。

以下是询问"会谈前的改变"的关键问句:

» 你决定采取行动之后,情况有没有变化?无论是变好或变坏。

» 还有谁也注意到了这一点?

当被问及会谈前的改变时,一些当事人会对以前的治疗会谈有所不满或指责之前的治疗师。这些信息都可以让治疗师知道,在反馈时哪些建议是有可能被拒绝的。如果听到另一位临床工作者遭受批评,一个有用的回应是:"在这之前,我一直听到人们对……(刚才说的这位治疗师)的评价是很好的。"这表明了治疗师尊重当事人的意见,同时也表明治疗师拒绝成为替罪羔羊或与当事人形成共谋。

三、一些值得谨记的原则

原则一
只有当人们感觉到自己在被倾听、被认可和被尊重的时候,他们才会开始去倾听别人在说些什么。

原则二
为了让当事人觉得自己在被倾听,治疗师必须说一些话,让当事人清楚地知道治疗师真的听懂了他们说的话。

原则三
人们只有将自己置于消费者的位置(而不只是配合治疗师),改变才会发生。

原则四
重要的是,永远不要比当事人更热切地希望有任何特定的改变发生。

原则五

当事人的抗拒表示治疗师正在重复使用一些无效的方法，或者当事人并不喜欢实务工作者给予的建议。

原则六

通常，当事人知道什么是适合自己的。

练习活动 4-1：清晰的沟通

活动目的

帮助学员避免使用专业术语，确保使用的语言是可以被当事人理解的。

活动细节

阶段一

请学员六人一组。接着，请小组讨论并解释以下这些词对他们来说意味着什么：

- » 责任（responsibility）
- » 尊重（respect）
- » 赞成（consent）
- » 稳定性（stability）

阶段二

请小组成员找出他们在报告中常用的专业词汇和术语，例如"平行计划"(parallel planning)、"功能"(function)、"将儿童的需求按重要性排序"(prioritizing the needs of children)、"风险"(risk)、"建立边界"(establishing boundaries)等。请小组讨论这些词汇和术语的确切含义,然后试着说明,在什么情况下,什么样的特定行为是可以用这些词汇和术语来概括的。最后,请小组成员一起思考,他们是否可以使用更简单的词汇来表达。例如,"先发制人"是否可以改为"努力"。

练习活动 4-2:将困扰问题个性化

活动目的

让学员练习获得关于问题清晰、详细的描述,避免急于评估问题是什么。

活动细节

请学员四人一组。在小组中,请一名学员描述一种情绪(如愤怒、沮丧、失望等),然后其他学员询问下列问句:

» 它是什么颜色的?

» 它是什么形状的?

» 它一直藏在你身体的哪一个部位?(例如头部、腹部、胸部)

» 当它要开始发作时,第一个信号是什么?

» 接下来,它又会去到身体的哪个部位?

» 它会让你做些什么事情?

» 它会持续多久?

» 其他人注意到了什么？

» 当它消失时，你是感觉良好还是感到悲伤？

» 你如何让自己平静下来？

» 还有呢？

» 你能做更多让自己平静下来的事情吗？

四、与儿童和青少年工作的妙招

以下为实务工作者在与儿童和青少年工作时可以使用的一些方法。

《老大哥》*日记室

如果儿童不愿意说话，治疗师可以改问："如果你在《老大哥》日记室，你会怎样对你的听众说你的问题？你会说些什么，让他们愿意投票给你，让你继续留在这间房子里？"

消费者投诉服务台

如果在会谈中，家庭成员一直忙着彼此私下交谈，或者有儿童在搞破坏，治疗师则可提名家庭中最健谈的人来担任"消费者投诉服务台"的工作人员，并提供一个玩具麦克风。接着，治疗师可以向大家解说："现在，除投诉服务台的工作人员外，其余家庭成员都是消费者，任何人都可以就任何事情进行投诉。但是，一旦消费者进行了投诉且服

---

*《老大哥》，*Big Brother*，一款由荷兰发起的社会实践类真人秀节目。节目中，一群陌生人住进同一栋房子。房子与世隔绝并布满摄像机和麦克风，无间断记录参与者的一举一动。参与者在房子里需经历提名、竞赛、投票、淘汰这几个环节，最终留下的人可赢得大奖。

务台的工作人员为投诉人做了正式的投诉公告,每个人就必须协助解决这项投诉。"另一个处理方式是,让家庭成员使用白板来记录任何讨论过的可能的解决方案,并把笔交给最健谈的家庭成员,由其负责记录大家提出的解决方案。

足球场

如果团体辅导中的成员开始出现破坏性行为,治疗师则可指定一名成员作为裁判员。如果任何一名成员违反了小团体制定的规则,裁判员需要发出警告。如果有成员第二次违反规则,裁判员则将该成员送到不能参与练习活动的"受罚席"一段时间(时间长短由该小团体决定)。当这些违规的成员想要回到小团体时,他们需要道歉,而小团体则需要共同讨论,在这个小团体中,破坏规则的行为是如何开始的。如果有成员发生第三次违规的情况,裁判员则要求该成员离开小团体练习活动,并在个体会谈中处理违规行为。

五、对问题或诊断进行挑战

请实务工作者回想自己曾遇到的一位当事人,这位当事人是让自己感觉难以与之合作的。之后,将自己与其他人用于描述这位当事人的词进行整理并写下来。接着,针对这些词进行思考,列出这些词所对应的相关特征,以更好地认识这位当事人。例如:

» 不尊重他人、好斗、难以合作、具有破坏性、挑衅他人、难以对付,这些词汇可以转而被看作有创造力、精力充沛、坚持不懈、不折不挠。

» 一个被诊断患有抑郁症的人可以被看作因为其愉悦情绪处于休眠状态,所以才遭受痛苦。

» 一个被诊断为有边缘性人格障碍的人很容易从一种情况转变至另一种情况。我们也可以说,他们是已经准备好改变方向的人。

» 有强迫症意味着非常善于关注细节,并且懂得认知的力量。

常用"能够"代替"应该"一词,会非常有意思。例如,在心里对自己说,或直接问自己:"如果你'能够'原谅他……?"

第 五 章

发展目标的练习活动

Exercises About Developing Goals

一、目标的重要性

　　制定现实且可评量的目标，是焦点解决短期治疗的一个关键要素。因为这能让当事人清楚地知道他们可以实现的目标是什么，以及什么时候能够实现这一目标。当一个目标足够清楚时，它应该是可以被评量的。如果当事人的目标不切实际，那么帮助他们思考如何将这些目标细化成更容易实现的小目标，会很有帮助。当事人的目标需要符合法律与伦理道德。如果目标会对当事人自己或他人构成威胁，则需要立即采取行动以确保大家的人身安全。

　　在会谈中建立目标是很重要的，因为一些当事人与治疗师会反复回顾过去的痛苦经历，而没有考虑改善、进展以及新行为的可能。有些当事人（如被诊断患有精神障碍的当事人）已经习惯了接受周围人的重复性忠告或了无新意的建议，所以，有时治疗师可以询问当事人：

"这次会谈是朝着你提到的目标迈进的吗？还有什么其他事情是我们应该多加注意的吗？"这样做会很有帮助。下列的练习活动可以帮助实务工作者练习将会谈转移到更有效益的方向上去。

治疗师要记得与当事人一起努力把目标描述得更具体且更符合实际。例如，询问当事人"你真的'永远'不会与他争辩了吗？"是一个与当事人确认目标是否符合实际的方式。如果治疗一直没有取得进展，或是当事人的行为似乎毫无意义，那么再次向当事人确认目标到底是什么，就更为重要了。例如，治疗师可以询问："你来这儿时说过，你的目标是……。那么，这次会谈对于你朝这个目标迈进，有了哪些帮助？"不过，在焦点解决工作中，如果当事人能清楚地回答"改变之后，会有什么不同？"或"你会做些什么来取而代之？"等问题，那么就算目标本身无法被具体定义或细节化，也没有关系。具体的目标的确会很有帮助，但在生活中，有时也没那么重要。就像在足球比赛中，为了赢球，球员可以确定目标分数，但即使没有确定目标，球员也可以踢得很好。

另一个有用的词是"取而代之"（instead）。任何否定的陈述（如"不要再骂人……"）都可以轻易转换为"那么，你会做些什么来'取而代之'呢？"。这一转换会对当事人所提供的信息以及会谈的氛围产生巨大影响。

当事人一开始的目标通常与来谈问题相关，但随后发展出来的解决之道，可能不一定与这些目标或者来谈问题相关。对治疗来说，有一个目标是一个好的开端。但当事人后来可能会更改原来的目标，或随着治疗的展开，当事人会用某些新的方法取得成功。

例如，当事人说"我想减少……（问题）的发生"，然后接着说"这样的话，我就会去做……（目标）"。不过，当事人常会选择另一个可能与问题无关的目标。例如，当事人可能会说"我希望老师别管我（问题）。这样，我在学校的日子可能会快活一点（目标）"或者"如果我能做更多作业，或许老师就不会管我了"（另一个关于作业的目标）。当事人在后续会谈中，讨论的却是与教师、家庭作业无关的新行为："我喜欢足球，我想到了这一点，所以，我就不再那么担心老师对我说的话了（解决之道）。"解决之道意味着问题不再让当事人担心，或是问题仍然存在，但当事人对此不再那么关注了。目标可能是迈向解决之道的步骤之一，也可能是一个起点，开启关于可能的解决之道的各种对话。

在焦点解决治疗中，当事人希望讨厌的事情消失，这会成为发展目标的一个起始点，发展出的目标正是某些事情的出现。遇到特定问题的人会说自己的目标是生活中不再存在这一问题，这是可以理解的。然而，这一问题的消失留下了一个空缺，即问题一旦消失了，当事人便不再需要努力处理问题了，那么他会做些什么来取而代之。在这里，奇迹问句很关键，能帮助人们创建可以具体评量的目标以及没有问题的未来。由于奇迹问句探寻的是一个"奇迹"愿景，这个过程可以邀请当事人开始想象他们生活中的无限可能，进而使当事人能够辨识与确定什么才是他们真正想要实现的改变。奇迹问句是未来导向的，让当事人不再沉浸在过去和现在的问题中，转而思考自己想要的、没有问题的生活会是什么样子的。同时，奇迹问句也邀请当事人思考问题消失之后会出现的事情和行为。奇迹问句会让当事人的脑海中浮现出一幅与自己生活有关的丰富图景，而这幅图景可用于发展目标。

练习活动 5-1：发展目标

活动目的

让学员练习发展目标的问句。

活动细节

请学员两人一组。请 A 学员分享一个工作或个人生活中的小问题，这个问题需要 A 学员有行为上的改变。但是请 A 学员先不要告诉 B 学员这个问题是什么，只需要回答 B 学员提出的问句即可。如果 A 学员不想回答某个具体问句，就直接说"不"。B 学员自我介绍后，也不要先问 A 学员的困扰是什么，而是直接从下列清单中选择问句使用。

» 问题解决后,情况会变成什么样子?

» 问题解决后,你会做些什么事情来取而代之?

» 当你做这些事情时,情况接着会有什么不同?

» 其他人如何知道事情变得更好了?

» 谁会先注意到？接下来又会是谁？

» 还有什么不同?

» 还有呢?

» 还有呢?

请 B 学员记得询问 A 学员，问题解决时，A 学员是在"做什么"，而不是"停止做什么"。

请 B 学员记得鼓励 A 学员对目标做更为具体且实际的描述。

请 B 学员记得检查目标是否符合实际。比如，可以询问 A 学员："你真的'永远'不会再和他吵架了吗？"

最后，请两名学员交换角色，再次进行前述流程。

练习活动 5-2：与儿童和青少年一起设定目标

治疗师的职责之一是让儿童和青少年的优势、能力和才能更加突显，以让儿童和青少年本人及他们周围的成年人能够对这些部分更加关注和肯定。

茵素·金·伯格和特雷西·斯坦纳（Therese Steiner）（2003）认为焦点解决短期治疗比传统的治疗取向花费的时间更少。焦点解决取向并不认为与儿童和青少年当事人建立关系会有困难，治疗师也不会试图去取代他们生活中的重要他人，因为治疗师与他们的关系常是短期的、过渡性的。

请学员两人一组，分别扮演访谈者与儿童或青少年，进行下列"穿越到未来""漫画"等练习活动。学员也可以尝试将这些活动应用于真实的儿童或青少年工作中。

穿越到未来

请扮演儿童或青少年当事人的学员想象自己穿越到未来去探访未来的自己（可以使用当下电影、电视里很流行的时光旅行机器）。这名儿童或青少年走出时光旅行机器，站在自家门口，透过窗户看到了未来（选择当事人的下一个重要年龄阶段）的自己。等扮演当事人的学员真正进入这一情境后，扮演治疗师的学员向其提出以下问句，并尽可能获取更多的细节信息：

» 你在做什么？
» 你和谁在一起？
» 你房里有宠物吗？

» 你的房间是什么样子的？

» 墙上都有谁的照片？

» 手机中有哪些联系人？

» 还有呢？

» 还有呢？

当治疗师协助儿童或青少年描绘出他们快乐、成功的未来（他们的目标），并对于这些都有丰富且充满细节的想象画面后，可以接着对儿童或青少年说：

你知道，当有人看着你时，你是会有感觉的。当未来的你回头看到现在的你站在窗外，未来的你会说："是我。过去对我来说，真是一段糟糕的时光。请进来吧，你想要一杯茶或可乐，还是什么吗？"窗外的你回答说："我在这里的时间不多了，但我真的有一个很重要的问题要问你，你是怎么度过那段糟糕的时光的？你是怎么做到的？"

如果那名未来的儿童或青少年无法回答这个问题，就改问："你能告诉现在的我一句话吗？好帮助我懂得如何安慰自己去尽力应对这段非常艰难的时期。"

这个活动非常需要时间和耐心，但这一过程不仅可以引出儿童或青少年的目标，还能够帮助他们产生初步的解决方案。

漫画

这个活动对年幼或无法用语言描述情绪的儿童特别有用。

先在一张 A4 纸上叠出或画出六宫格，邀请儿童依照指示，在每个格子中作画：

1.请画出你的问题。（如：是什么？像什么？）	2.请画出你的一个有着强大力量的帮手。（可以是动物、祖先或当事人觉得会支持他、帮助他找出解决之道的任何生物。）	3.请画出解决之道以及例外。
4.请画出当例外发生时，对你来说会有什么不同。	5.请画出，当这个例外多发生在真实生活中，那么未来会是什么样子。	6.请画出你对这个有着强大力量的帮手的感谢。

有人际关系问题的儿童和青少年当事人

针对有人际关系问题的儿童和青少年当事人，治疗师可以询问以下问句：

» 你从朋友那里得到的最重要的东西是什么？

» 你的朋友们全都可以做到你刚才说的所有这些事情吗？

» 能支持你的朋友是谁？

» 你有不同类型的朋友吗？

» 你认为我们可以期望每一个朋友都对我们的友谊有同等的投入吗？

二、复原技术：当目标与失落或丧亲有关

如果当事人的目标与失落或丧亲有关，治疗师则可尝试以下方法。

疗愈书信 *

疗愈书信共包含四封信。

第一封信，请当事人写给思念的人。请当事人在信中表达自己想说的一切，不管是好的还是坏的。

第二封信，在同一次会谈中过一会儿，请当事人站在收信人的角度，写一封回信给自己，回信内容应是自己最害怕看到的。

第三封信，同样在同一次会谈中，请当事人站在收信人的角度，写一封回信给自己，回信内容应是自己最希望看到的，对第一封信的回复。

第四封信，在后续的某次会谈中（也可能是很久以后），请当事人写下自己最后想对思念的人传达的信息。

在现实生活里，这些信通常不会被送出。有些当事人会选择保留这些信，但许多当事人喜欢在整个过程完成后烧掉或撕碎它们。有时，如果当事人又有了新的想法或素材，可以在治疗过程中重复这个活动。在治疗过程中进行一次或数次这个活动，有助于当事人应对与处理由失落或丧亲带来的痛苦。同时，这也将帮助当事人表达自己在这些痛苦时刻所有的错综复杂的感受。

---

* 伊冯娜・多兰（Yvonne Dolan）。

前去与思念的人相关的地点

对于遭遇失落或丧亲的人来说,前去墓地或与思念的人有着密切关系的地方,会很有帮助。在当事人抵达该地点或在心里想象自己身处该地点时,大声说出或者在心中默默诉说自己想对思念的人说的话。当事人最好事先准备好自己想说的话,但是在诉说过程中,很有可能会出现其他新的想法。当事人可以将自己提前写好的纸稿保存下来,也可以在重要地点将它当场烧掉。当事人也可以选择去公共纪念碑完成这一活动,将其视作墓地。当然,有些人认为在脑海中与思念的人直接对话,会比写出来更有效。

回忆与思念的人有关的正面往事

麦克·怀特(Michael White)(1998)认为,有时,在长时间的悲痛中,和思念的人"打声招呼"会有所帮助。与其试图完全压抑与思念的人相关的记忆,不如让当事人回忆思念的人欣赏他们的什么,或思念的人如何看待他们的天赋和才能。让当事人的关注点转移至其原有关系的正面要素,会有所帮助,因为人们都想要保留美好关系的经验。

书写任务

治疗师可以给当事人布置几项书写任务或作业,这样的活动有助于当事人重新定义自己与思念的人之间的关系,也能让当事人更加清楚地知道自己目前所处情境的正面和负面影响。全面地看待自己过去与思念的人之间的关系,可以帮助当事人更好地处理由失落或丧亲衍生的各种情绪。各项书写任务如下:

任务一:请当事人为思念的人(即使对方还在人世)写一份讣告,

内容包括对方的一些正面特征。

任务二：请当事人写下自己失去这个人之后，目前所处情境的"好"与"坏"。

任务三：请当事人列出自己与思念的人的关系中存在的"好"与"坏"。

有些当事人喜欢在写下这些内容后重读多次，然后将它们烧掉或撕碎。

练习活动 5-3：练习以上的复原技巧

请学员回想自己的失落或丧亲经历，每个人选择自己的一段经历，尝试上述书写任务中的一项或数项。之后，请学员组成小组，并在组内分享自己完成书写任务之后的体验和感受，但无须透露自己所选经历的具体细节。

三、自杀风险评估

下列活动可以协助治疗师评估当事人目前的自杀风险。各活动中提供的系列问句会给当事人创造机会，去想象生活中的正面情境。

练习活动 5-4：安全性评估

本活动由约翰·亨登（John Henden）设计。

活动目的

让学员练习对当事人可能存在的自杀或自伤风险进行评估。

活动细节

请学员两人一组,一人扮演当事人,另一人扮演治疗师,使用下列的系列问句。扮演当事人的学员可以选择之前协助过的一个真实案例,也可以选择小说中的一个故事。

安全性评估问句

» 你有自伤的想法多久了?
» 你经常这样想吗?
» 如果你坚持这最后的选择,那么你会使用什么方法?(可询问具体方式)
» 你已经为此做了准备吗?

对于可能会发生的最坏情况,治疗师千万不要流露出恐惧。

在提出上述问句之后,治疗师要依据自己内心的直觉来评估当事人的自杀风险,例如可以使用刻度尺(1分代表当事人存在非常高的自杀风险,10分代表当事人完全没有自杀风险)。

针对有自杀风险者的其他问句 *

在评估了当事人的自杀风险后,治疗师可对有自杀风险的当事人使用以下问句:

» 请跟我说说,在最近这一周内,你最不想自杀的时候。
» 在今天你的这个想法出现的那一刻之前,你在做哪些吸引你的事情?
» 到目前为止,是什么阻止了你真的去结束自己的生命?

---

* 约翰·亨登和帕斯卡尔·苏贝兰德(Pascal Soubeyrand)。

» 在 1 到 10 分的量尺上（1 分是非常想结束自己的生命，10 分是没有任何想要结束自己的生命的念头），你现在在几分的位置？在你决定寻求帮助之前，你又是在几分的位置？当你在量尺上提高半分时，你可能是在做些什么？想些什么？感受又会是什么？

» 在过去的几周里，你已经做了的哪些事情让你所处的糟糕情境有了一些变化？

» 在 1 到 10 分的量尺上（1 分是不愿意选择其他方法，10 分是很愿意选择其他方法），目前的你对于尝试其他方法（而不是自杀）的意愿程度是在几分的位置？

» 本次会谈中发生什么事，会让你认为会谈是值得的？

» 怎么现在选择死亡是很重要的事情？其实你可以随时死去，所以今天可以不用急着做任何事情。

活下去的理由：一些问句范例

以下问句可以帮助当事人关注自己活下去的理由：

» 你活下去的理由有哪些？

» 你活下去的一个最重要的理由是什么？

» 你的……（重要他人）会说你活下去的一个最重要的理由是什么？

» 是什么让你能够坚持走下去？

» 什么人、事、物可以帮助你抵抗这个想要结束自己的生命的念头？

» 以前你是怎么知道继续活着是很重要的？

» 一直以来，你是如何决定让自己一天又一天继续活下去的？

» 如果现在有一件事,是可能让你觉得它是值得你为它而活下去的,那会是什么事?

» 以前,当你有这种感觉时,是什么支撑着你活了下去?

» 一年后,当你回顾现在这段时间,你会说,支撑你继续活下去的理由是什么?还有呢?

练习活动 5-5:反向奇迹问题 / 墓地场景

本活动由伊冯娜·多兰设计。

对于有轻微自杀念头(有自杀想法但无具体行为和准备)的当事人,治疗师可以依次询问下列问句。但如果当事人处于十分抑郁的状态,则不适合使用。

请当事人想象,假如自己在考虑了所有的其他可能性之后,真的选择了这"最后一招"。之后,当事人躺在坟墓里,但灵魂飘荡在距离地面三米远的空中,俯视着聚集在墓地周围的人群。接着,询问当事人:

» 谁在那里?

» 谁最伤心难过?

» 他们会希望自己在你选择这"最后一招"之前,有机会给你的建议是什么?

» 在这些建议里,如果可能,你首先会考虑尝试的是哪一个?

» 依照习俗,人们会撒土到棺材上,那么,谁会最先往你的棺材上撒土?当土被撒到你的棺材上时,大家想到的可能会是什么?

» 当大家离开墓地时可能会互相交谈。此时,谁可能会对谁说,真的很希望你能做出不同的选择?

练习活动 5-6:临终场景

本活动由伊冯娜·多兰设计。

治疗师可以请当事人想象,如果自己真的放弃了这个选择,并且很长寿。当高龄的自己回顾过往人生,会觉得这是成功度过黑暗时期后有目的且有意义的一生。接着,询问当事人:

» 你的这一生是什么样子的?
» 你完成了哪些事情?
» 你遇到了哪些人?认识了哪些人?
» 你去过哪些之前没有去过的地方?
» 你曾拥有什么样的假期?
» 你还成功应对了人生中的哪些其他挑战?
» 你想怎样安排退休后的时间?
» 你在哪里看到过最美的日出和日落?

练习活动 5-7:智慧老人如你

本活动由伊冯娜·多兰设计。

治疗师可以邀请当事人想象:"假设你最终决定放弃自杀这个最后的选择,随着时间的流逝,你年纪渐长,也更有智慧了。那么,身为一位充满智慧的老人,你会给现在的自己什么建议来解决这个问题(或度过这个困难时期)?"

可以请学员单独练习,思考并写下前面活动中所得到的建议。也可以请学员找一个伙伴,针对前面的想象内容或提出的建议进行讨论。

练习活动 5-8:来自未来的信

本活动由伊冯娜·多兰设计。

活动目的

这个活动有助于治疗师与具有高自伤风险的当事人建立合作,可供学员在实务工作中运用。

活动细节

这个活动的灵感来自催眠治疗师米尔顿·埃里克森(Milton Erickson)博士,由伊冯娜·多兰具体设计而成。

首先,治疗师可以邀请当事人选择未来的某一天,如 5 年、10 年、20 年后的某一天。接着,请那一天的自己写信给身边的一位朋友或其他重要的人,并将那天的日期写在信的顶端。让当事人在信中详细描述自己在这几年中所拥有的幸福和充实的生活,同时表示几年前的问题早已消失不见了。接着,让当事人写下给几年前的自己的一些建议,例如告诉自己接下来要做些什么以解决当前的问题,或采取哪些能降低自伤风险的具体行动。

四、"停止"

这是戒酒匿名互助会(Alcoholics Anonymous)设计的活动,适用于具有高自杀或自伤风险的当事人。

如果一个人处于饥饿、愤怒、孤独或疲惫的状态中,那么这个人更有可能跨过自杀的门槛。

在当事人觉得自己的状况不是很好时,请他们采取下列这些"停止"(HALT)步骤:

H:如果你饿了(hungry),就吃一顿饭。

A:如果你感到愤怒(angry),就从 1 数到 10,去附近走走,或者尝试找到宽恕和忘却的方法。

L:如果你觉得孤独(lonely),就打电话或拜访朋友、家人,或者参加戒酒匿名互助会。

T:如果你累了(tired),就小睡片刻。

五、危机卡:用于自我伤害议题[*]

下面的这种危机卡适用于有自伤行为的当事人。治疗师可以请当事人制作一张卡片。当事人可以在卡片中依据自己的经历,适当添加内容。治疗师可以鼓励当事人将这张卡片放在口袋里,或将内容存进手机里,以便时刻提醒自己。

---

[*] 约翰·奇尔斯(John Chiles)、柯克·斯特罗萨赫(Kirk Strosahl);托马斯·乔伊纳(Thomas Joiner)。

危机卡

不要喝酒或吸毒。如果我正在喝酒或吸毒,要立即停止。

快步走到泳池边。如果泳池开着,跳下去游十圈。如果我仍然感到焦躁不安,就再游十圈。如果泳池没有开放,就去学校的操场或公园里跑十圈。

对自己说十次:"我从他们抛给我的烂摊子中挺过来了。我没有被击垮。"

打电话给女朋友(座机号码:_____,手机号码:_____)。如果电话没有接通,转到语音信箱,我就直接留言;如果我联系上了她,就花五分钟的时间谈谈我们的约会计划。

在笔记本里写下发生了什么事情以及什么人、事、物对我是有什么帮助的,以便我在下一次治疗中与治疗师讨论。

自杀干预热线:_____
医院急诊室地址:_____街_____号
_____医生(治疗师):_____(电话号码)

雨天信 *

在我们的生活里,会出现下雨而没有阳光的日子。"雨天信"(Rainy Day Letter)是一种工具,是为应对生活中的意外困难或压力时期所设计的。请当事人在相对平静或满足的状态下书写雨天信。

这封信的内容可包括:

» 一份自己做得到的,能够宽慰自己的活动清单。

» 一份能够安慰自己的联络人名单。

---

* 伊冯娜·多兰。

» 让你想起自己拥有正向特质和能力的事物。

» 让你想起自己拥有能够支撑自己的精神和哲学信仰的事物。

» 让你想起自己对未来的期望和梦想的事物。

» 给自己的重要建议或特别提醒。

写完后,请当事人将这封"雨天信"放在一个安全、合适的地方,以便自己在需要时可以很容易地找到。有些当事人喜欢多复印几份,分别放在几个不同的地方。

练习活动 5-9:与有自伤冲动的当事人工作

活动目的

请学员尝试将一些个人议题写下来,并体验书写时的感受,以在日后的治疗工作中能理解当事人在书写时可能会有的感受。同时,让学员练习上述各项活动中所包含的技巧,以带领当事人操作。

活动细节

请学员将自己在实际经历中的体验以及在"练习活动 5-4"和后续活动中的收获,运用于危机个案工作中。

如果当事人故意做了一些自伤行为,如割伤身体,则需要进行进一步的询问:

» 你以前这么做过吗?

» 你之前有过更严重的自伤行为吗?

» 自伤有助于你缓解紧张情绪吗?

» 这种行为的触发因素是什么?

» 你知道还有谁这样做过吗?

» 还有谁知道你这样做?

» 他们给过你什么建议吗?

» 你愿意改为尝试其他方法来代替吗?例如,用橡皮筋弹自己或者用冰块冰自己?

» 请记下你自伤的频率和方式,这样我们可以就此进行讨论。

如果当事人在会谈过程中自伤,治疗师就无法对其进行有效的治疗。因此,治疗师需要予以立即干预,请助手、警察、护士、当事人的朋友或亲戚等来帮忙。只有等到当事人处于足够安全与安稳的状态时,治疗师才能放松地进行工作,也才能更清楚地思考治疗中要提出的问句。

六、与身患绝症的当事人共同设定目标 *

针对身患绝症当事人的关键问句

询问身患绝症的当事人奇迹问句或他们想要的未来生活,并不是与他们建立关系的好方法。治疗师常常需要询问这类当事人不同的问句。如果学员的主要工作是与身患绝症的当事人工作,让他们回想最近工作中的一个案例。请学员两人一组,一名学员扮演当事人,另一名学员则扮演治疗师,提出以下问句:

---

* 多米尼克·布雷(Dominic Bray)。

- » 当你能控制疼痛时,会有什么不同?
- » 对你来说,能够比较好地控制疼痛的状态是什么样子的?
- » 对于人过世之后的样子以及会出现什么样的情况,你有什么想法?
- » 你希望自己怎样度过从"现在"到"过世"的这段日子?
- » 你最大的成就是什么?
- » 你心中仍然存在的期望是什么?
- » 你最希望自己被人们记住的是什么?
- » 生活中的哪些微小变化,会让你觉得死亡是一种善终?
- » 想象一下,在你去世后的第二天,你回顾了"现在"到"过世"之间的这段时间内所发生的一切,发现自己对此感到很满意。那么,是什么让你感到满意?你会说自己已经尽自己所能了吗?你做了哪些想做的事?你又获得了哪些期望的结果?
- » 在你弥留之际,让你感到不后悔的会是什么?
- » 在这里(安养院或医院),你是如何让自己可以继续前行的?
- » 你还在继续做哪些你在住院前就一直在做的事?
- » 对于自己能够处理这么多事情,你感到惊讶吗?
- » 当你能更好地应对时,你会如何得知?

练习活动 5-10:与身患绝症的当事人共同设定目标

活动目的

让学员练习如何与身患绝症的当事人共同设定目标。

活动细节

请学员两人一组练习上述问句。练习结束后，请学员讨论哪些问句会比较适合哪些特定情况的当事人，也请学员从练习中发现自己更善于使用哪些问句。

特殊时刻清单

特殊时刻清单可以用来协助在生活中有着强烈负面想法的当事人或需要接受临终关怀的当事人。特殊时刻清单记载着我们生命中出现过的特殊时刻。"特殊时刻"这一概念改编自叙事治疗中的"闪耀时刻"（sparkling moments）的概念。特殊时刻清单的内容可以是最近的，也可以是终身的；可以请当事人写下或在脑海中回想这些特殊时刻。回忆生命中的特殊时刻有助于提升当事人的自尊。在这份清单中，我们可以发现能让当事人感到放松和宽慰的线索。这份清单也可以在当事人冥想或睡眠诱导过程中发挥作用。有时，有些当事人会将这份清单与亲友分享，但也有不少当事人喜欢将其保密。

练习活动 5-11：与有抑郁倾向的当事人谈话

活动目的

缓解学员对于进行有关"精神障碍"症状的对话的焦虑；让学员知道"跟随当事人的语言"这个技术在治疗中是有用的，而且该技术可以通过练习来精进；向学员展示焦点解决短期治疗问句的效果；向学员强调赞美的价值。

活动细节

请学员五至六人一组，其中一人自愿扮演当事人，其他学员都是治疗师。扮演当事人的学员可以选择自己曾协助的抑郁个案。如果没有与抑郁症患者工作的经验，则可以选择扮演下列案例中的当事人：

» 你有一个丈夫（约翰）或妻子（安），还有两个孩子（杰克和吉尔）。
» 你已经陷入抑郁大约两个月了。
» 你是被送来接受心理治疗的。

请担任治疗师的学员们坐成一个半圆形，扮演当事人的学员坐在半圆形的中间。这样，每一位治疗师都可以面对着当事人。从当事人最左侧的治疗师开始，每位治疗师依次向当事人询问一个焦点解决问句。每一个问句必须包含当事人在上一个问句的回复中使用过的字词或简短的一段话。当事人可以按照自己的想法去扮演这个角色并回应治疗师的提问。

15分钟后，每位治疗师给予当事人赞美。治疗师可以选择以不同的身份来给予当事人赞美（用治疗师的身份或用自己的真实身份）。

最后，询问扮演当事人的学员在对话中的体验是什么。

由于这个练习需要学员深入角色，记得在练习结束后进行"去角色化"，以保护自愿扮演当事人的学员。"去角色化"是请扮演当事人的学员站起来转身一圈，或者做出一个自我肯定的声明："我是……（学员的姓名），我没有抑郁。"

七、发挥当事人伴侣的功能

在社区工作中，与当事人的伴侣有些连接与互动，会是一种较为可行的协助方式。从逻辑上来说，能对一个人的行为产生最有力的强化作用的，是其身边最亲近的人的观点。

如果当事人是单独前来的，治疗师可以直接问当事人："谁与你最亲近？"常见的回答是伴侣或者母亲。

治疗师可以接着询问当事人："当你说出自己目前的感受时，他们会有什么反应？"有两种回答十分常见：一类是如"振作一点，你没有什么问题，也没有什么可担心的"的回答；另一类会表达同情，如"你应该照顾好自己，少做（或别做）……，应该是别人该做点什么"等。

治疗师要注意当事人含糊不清的回答。例如，如果当事人说"我的伴侣正在了解我的状况"，治疗师可以接着询问："这样有帮助吗？"如果当事人的伴侣就在现场，治疗师可以直接与他们确认。接着，治疗师可以提出一个与当事人伴侣平时的回答相反的建议。这样做是有道理的，因为如果伴侣原来的回答有效，那么当事人就不会前来治疗了。

对于前述常见的伴侣的两类回答，治疗师可以给当事人提出以下建议。

拥有"振作一点"型伴侣的当事人

针对拥有"振作一点"型伴侣的当事人，治疗师可以建议："你的伴侣想要帮助你，但是……""这是一个严重的疾病（或问题），你不能只靠意志力来摆脱它。你必须慢慢来……（同时接受额外的治疗或建议）"

拥有"你应该照顾好自己"型伴侣的当事人

针对拥有"你应该照顾好自己"型伴侣的当事人，治疗师可以建议："从现在开始，你需要尽可能多做一点……任何微小的行动（以及额外的治疗或建议）都会有助于处理你的问题。"

如果伴侣在现场听到治疗师的这些建议，这些建议就会得到强化。如果伴侣认同这些建议并决定采用一些不同以往的回答，效果会更明显。大多数伴侣都希望自己能有机会帮上忙。

接着，治疗师再给当事人的伴侣提出建议。

"振作一点"型伴侣

针对"振作一点"型伴侣，治疗师可以建议："每天花十分钟倾听他（当事人）的抱怨，再对他说'这听起来真的令人很不愉快'。"如果当事人的伴侣坚持要说或晚一点还是会说"振作一点"之类的话，建议其花十分钟听完当事人的抱怨之后再说。这样有助于伴侣练习给出更有建设性的回答，尤其是当他们很少这样做时。

"你应该照顾好自己"型伴侣

针对第二类"你应该照顾好自己"型伴侣，治疗师可以建议："每天花十分钟倾听他（当事人）的抱怨，再对他说'这听起来真的令人很不愉快。你需要做一些积极的事情来转移或分散自己的注意力'。"鼓励伴侣晚一点开口说话，在说话之前，让当事人有被倾听的感觉，也会使当事人更容易接受伴侣提供的建议。

如果当事人的伴侣或重要他人不在场且当事人的情况未能改善，治疗师可以要求与其伴侣或重要他人见面，以确认当事人所说的是事实。对于当事人的伴侣，一个有用问句是："我从……（当事人）那里听到了很多，比如……你认为他可能忘了告诉我什么事情？"这样一来，可能会出现与当事人现在的问题有关的家庭秘密。

八、取得控制权：帮助有幻听症状的当事人 *

与有幻听症状的当事人工作

在与有幻听症状的当事人工作时，焦点解决短期治疗的目标是让当事人在与其听到的声音的互动关系中获得更多的控制权，而非让声音消失。很多时候，在当事人有压力时，声音会再次出现。声音的出现反映了当事人正在尝试处理某些情绪。这些声音对当事人来说具有特定的意义。只有帮助当事人设法了解声音背后的意义，当事人才有可能取得更多的控制权。以下技术可以给当事人提供帮助。

写日记

表达有助于当事人理清头绪。日记是一种私密的表达。写日记的人要决定什么情况下最适合写日记，也需要考虑所要花费的时间与精力。把日记收藏起来，保持私密性，是会有帮助的。

参加自助团体

团体非常重要。隶属于一个团体能帮助人们对抗孤独和寂寞，也能给他们提供相互讨论的空间。团体成员可以讨论药物、副作用、工作以及保持精神健康的方法。在团体中，成员也有机会展现自己的创造力，如诗歌、歌曲或其他兴趣爱好。团体成员之间的沟通和交流有助于人们接受自我。

---

* 布雷特·布拉舍（Brett Brasher）；马里乌斯·罗梅（Marius Romme）和桑德拉·埃舍尔（Sardra Escher）。

专注于声音

这一技术让当事人密切关注听到的声音，并写下声音的内容。通过一系列循序渐进、没有威胁的练习，当事人可以倾听并描述听到的声音，比如声音的大小、口音、出现频率等。这一技术能让当事人注意与发现任何可能具有个人意义的意念或想法。

分散注意力

使用耳塞、耳机、手机或通过喊叫的方式，分散当事人对声音的注意力。虽然这些方法在短期内可能是有效的，但它们并不能帮助当事人理解声音的潜在意义。所以，分散注意力并不是一个可持续使用的解决方案。

实时自我监测

请治疗师先关注自己是什么时候开始协助当事人的，以及自己是如何进行协助工作的。治疗师要询问当事人有关声音的细节，这样会让当事人感觉自己在被认真对待。实时自我监测，即声音一出现就能被当事人察觉，可以有效降低声音出现的频率。延迟性或回顾性监测似乎无效，甚至可能使幻听症状加重。实时自我监测有助于当事人的认知处理，因为这一过程需要当事人集中注意力，并与现实建立联结。

暴露在声音之中

鼓励当事人在约定的时间故意"召唤"声音。当声音出现时，试图加强这些声音（比如，让声音变得更大），然后再使用应对技巧来弱化这些声音。虽然有些人采用这一技术取得了很好的效果，但是对于一些人来说，这样的做法简直太可怕了。

声音的触发

请当事人识别与声音相关的情境、情绪和人物。出现的声音通常是当事人对已知的人、事、物的反应。这些声音可能会让当事人回忆起创伤经历或干扰当事人的生活，也可能是在试图保护听到声音的当事人。将自己的人生轨迹写下来，能让当事人看清这些声音与特定生活事件之间的联系。

独立自主

当事人需要在社会中扮演一定的角色才能拥有自我认同感和独立性。独立生活，拥有一份工作以及一定程度的经济独立，能让个体拥有社会角色和价值感。如果过度依赖他人，当事人会难以独立做出决定。

管理焦虑情绪

对当事人来说，幻听症状常常伴随着焦虑出现。因此，为当事人提供管理焦虑情绪的方法是至关重要的。放松技巧、沐浴、运动、进食，都可以缓解当事人伴随声音而来的焦虑情绪。此外，请当事人撰写正面的自我陈述并多次阅读，也会产生很好的效果。

信任关系

向当事人的家庭成员提供相关信息，帮助他们应对当事人的幻听症状，鼓励他们运用相关的有效策略来协助当事人。对于有幻听症状的当事人来说，日常生活并不是唯一值得他们担心的。他们需要时间和空间来处理、消化由声音带来的忧虑。在当事人眼里，幻听其实是声音对于其个人隐私的一种侵犯。

练习活动 5-12：与有幻听症状的当事人谈话

活动目的

缓解学员对于进行有关"精神障碍"症状的对话的焦虑；让学员知道"跟随当事人的语言"这个技术在治疗中是有用的，而且该技术可以通过练习来精进；向学员展示焦点解决短期治疗问句的效果；向学员强调赞美的价值。

活动细节

请学员五至六人一组，其中一人自愿扮演当事人，其他学员扮演治疗师。扮演当事人的学员可以选择扮演自己曾协助的患有精神障碍的当事人。如果没有与患有精神障碍的当事人工作的经验，则可以选择扮演下列案例中的当事人：

» 你总是听到有声音从外面传来，有时是从收音机传来的，有时是从电视机传来的。

» 服用成瘾药物会使听到声音的情况变得更糟。

» 你和父母一起住。

» 知道你会听见这些声音，你的父亲会说："笨蛋，不用理会。"

» 你的母亲会因为你父亲说的话而指责他。

» 音乐对你是有帮助的。

» 药物也能帮上忙，但你经常不吃药。

或者，也可以请学员扮演下列当事人：

» 你总会说:"街上的摄像头都在监视我,它们联通警察局。"

» 感到恐惧;不外出;不买食物;不让亲友进门。

» 独自生活,房子又脏又冷。

» 睡觉对你的症状有帮助,把窗户遮挡起来也有帮助。

请担任治疗师的学员们坐成一个半圆形,扮演当事人的学员坐在半圆形的中间。这样,每一位治疗师都可以面对着当事人。从当事人最左侧的治疗师开始,每位治疗师依次向当事人询问一个焦点解决问句。每一个问句必须包含当事人在回答上一个问句时使用过的字词或简短的一段话。当事人可以按照自己的想法去扮演这个角色并回应治疗师的提问。

15分钟后,每位治疗师给予当事人赞美。治疗师可以选择以不同的身份来给予当事人赞美(用治疗师的身份或用自己的真实身份)。

最后,询问扮演当事人的学员在对话中的体验是什么。

同样,记得在这个练习活动结束时进行"去角色化",以保护自愿担任当事人的学员。

基于过去的经验以及家庭成员之间的熟悉程度,受到声音干扰的当事人如果有微小变化,他们的家属通常很快就会发现。如果当事人在幻听的处理上有困难,请当事人家属针对这种情况提出建议,通常是会有帮助的。家属曾经使用的方法可能更容易被大家认可,当事人也更容易接受。同样地,如果当事人家属对机构或其管理方式持批评态度,询问他们关于如何帮助当事人的建议,也一样会有用。家属可能知道以前对当事人有效的介入方法,治疗师把当事人家属看作盟友,可以更好地帮助到当事人。如果家属说他们没有任何建议,反而认为治疗师应该提出一些建议,这表示家属对于治疗师提出的建议会更加配合。

在机构与小团体中的应用

并非每个机构的成员都希望以焦点解决取向的方式来工作。只要尊重所有人的观点，就不会引发冲突。一些研究表明，在治疗中，如果治疗师采用的模式既符合当事人的想法，又是治疗师愿意拥护的，治疗将会产生更好的效果。因此，在团队里提供或接受一种以上的工作取向或模式，是比较好的选择。许多助人工作者有自己的相关训练背景和特定技能，或许他们会将焦点解决短期治疗作为另一种可能的选择，基于自己的判断来决定采用哪种模式会是最佳的选择；或许他们只会使用自己偏好的工作模式，也会建议团队里的其他人在合适的时候使用他们自己偏好的模式。

美国新奥尔良的乔治·格林伯格（George Greenberg）率先为有长期心理健康问题的当事人创立了焦点解决团体。他先专注于目标："你想要达成什么？"接着，进行评量，借助团体的建议以及多次询问"自上次参加之后，你完成了哪些事情？"来发展下一行动步骤。他强调团体带领者在保证团体活动和讨论质量上的重要作用。根据他的经验，当事人会不断进出团体或错过团体会面，这些情况不会给团体带来任何问题，也不会影响当事人实现自己的最终目标。这种对待团体的方式在支持性工作和日间看护中心中都相当有用。这种方式也可以被用在讨论家庭议题的小团体中，让他们学习育儿技能。

美国丹佛的一家医院在院内全面推行了焦点解决短期治疗的工作模式。他们利用各种不同团体来完成目标设定和建构解决之道。这家医院的住院部有一个定期举办的"赞美团体"（the Compliments Group），每周会有两名工作人员与所有病人会面。工作人员会明确指出每位病人在前一周里的成就并给出两个赞美。接着，工作人员会让其他团体成员补充对这位病人的赞美。这家医院反映,这是唯一一个大家毫无怨言参加的团体活动。这项技术也可以被应用于课堂以及与有问题行为的青少年的工作中。

因声音感到痛苦的当事人 *

如果当事人听到的声音是令其感到痛苦的,治疗师可以使用下列问句:

» 这些声音对你说了什么?
» 这些声音是支持你的还是反对你的?
» 这些声音将你置于困惑之中,这对谁会有好处?
» 什么时候你是能够站出来与这些声音对抗的?
» 你是怎么做到的?
» 这些声音什么时候不得不听从你的想法,即使只是一会儿?
» 当这些声音知道你越来越不信任它们了,这意味着什么?
» 当这些声音让你烦恼时,你是如何应对的?
» 当你站出来与这些声音对抗时,周围的人会注意到你有哪些不同?

对伴侣使用暴力的当事人

对伴侣使用暴力的当事人可以利用下表(表 5.1)来建立自己的目标。

---

* 麦克·怀特。

表 5.1 克服暴力量表

请当事人在最符合现状的频率下打钩	完全没有	只有一点	多	非常多
1. 在与伴侣有争论时，我可以冷静地和他/她说话				
2. 我可以倾听伴侣说话，不打断				
3. 我已经有方法可以确保我和伴侣能够轮流发表意见				
4. 我接受伴侣有生气的权利				
5. 我感到被伴侣珍惜与关怀				
6. 当伴侣生气时，我可以等他/她冷静下来				
7. 我不用轻蔑的语气和伴侣说话				
8. 当伴侣用轻蔑的语气和我说话时，我知道该如何反应				
9. 我与伴侣能尊重彼此不同的观点				
10. 我与伴侣彼此信任				
11. 我能够在与伴侣起争执时，不挖苦、讥讽他/她				
12. 我与伴侣能毫无畏惧地坦诚相待				
13. 当我意识到自己就要开始说气话时，我知道该如何冷静下来				
14. 我会记住，感到生气是可以的，但是发泄情绪的行为是不好的，包括语言上的发泄				
15. 我需要为自己使用暴力所造成的伤害负责				
16. 我知道我不应该通过使用暴力来达到自己的目的				
17. 与伴侣争论时，我觉得我并不一定要赢				
18. 我已经搞清楚，我之前认为"暴力是可以接受的"这一观点是从何而来的了				

续表

请当事人在最符合现状的频率下打钩	完全没有	只有一点	多	非常多
19. 我可以向暴力态度和暴力言语提出挑战				
20. 当我与伴侣争论时,我们都不担心有人会因此失控				
21. 我有一些方法能让我的伴侣更容易,也更愿意告诉我他/她的想法				
22. 我可以应对工作上的挫折				
23. 我可以控制我的酗酒行为				
24. 我可以抵制吸毒				
25. 我可以清楚、礼貌地表达自己的需求,而不是期待伴侣猜透我的心思				
26. 需要时,我愿意寻求协助				
27. 我与伴侣经常会讨论与计划如何提升我们之间的无暴力互动关系				

第 六 章

例外及评量问句的练习活动

Exercises for Finding Exceptions and Scaling Questions

在建构了当事人想要实现的目标之后，下一步就是去找到实现这些目标的方法和途径。焦点解决短期治疗对于当事人如何运用自己的想法、能力、技巧来实现目标深感兴趣。焦点解决短期治疗实务工作者的职责不是直接建议当事人应该如何实现目标，而是要发现与确认当事人的优势和能力。由于当事人存在的问题并不是固定不变的和绝对的，焦点解决短期治疗关心的是问题较少出现或没有出现的那些时刻。焦点解决短期治疗创始人德·沙泽尔（1985）提出的新见解之一是：重视"例外"。例外，指按照平时的情况预计问题应该会出现，但不知为什么，却没有出现的那些时刻。寻找和确认例外，并仔细思考当事人在例外出现时所做的不同之处，有助于当事人发展出适合自己的方法来处理问题，同时，也可以提醒当事人多加注意，在处理目前情况的过程中，自己已经用到的既存技能。

一、例外

对于那些难以达成的目标或者不愿意改变的当事人，如涉及酗酒、药物滥用或家庭暴力等议题的当事人，探寻例外尤为有用。这些当事人不相信自己拥有改变或掌控当下情境的能力，所以他们一旦发现的确存在一些小小的例外，他们能够控制自己的行为，便会十分惊讶。这些发现可以提升当事人的自控力以及进一步规划后续步骤的能力。

探询例外的关键问句

» 什么时候问题没有发生？
» 什么时候问题较少发生？
» 你之前提到，有些时候事情有所好转，这些时候是什么样子的？
» 在这些时候，你都在做哪些与平常不一样的事情？
» 在这些时候，还发生了哪些比较好的事情？
» 当情况对你来说是比较好的时候，谁会最先注意到？
» 还有谁会注意到？
» 他们在这些时候都注意到了什么？
» 还有呢？

和讨论目标时一样，治疗师邀请当事人回答这些问句时，最重要的是了解他们那时候正在做什么，而不是他们没有做什么（或不再做什么）。

当事人的每个例外都展现出他们的潜在优势，需要治疗师通过询问细节来加以澄清与确认。这项技术很简单，实践证明它适用于各种类型的当事人，即使是智力水平和教育水平受限的当事人。

虽然下列问句来自系统家庭治疗而非焦点解决短期治疗，但当事人对这些问句的回答通常会提供相当有用的信息。

» 谁是家里的"老大"？

» 家里的大小事都是怎么做出决定的？

» 谁会负责做出哪种决定？

"权力"议题是人世间的一个现实问题。上述问句在某种程度上都强调了这一议题，会引发当事人对此进行思考。甚至有些时候，当事人是第一次对这一议题进行思考。而且，他们对这些问句的回答并不一定都是言语上的。比如，如果家庭成员在说"家里没有特定的'老大'"之前，都望向了母亲，那么，母亲很可能就是这个家庭里的主要决策者。

对大多数家庭而言，某一家庭成员的决策能让其他家庭成员都遵循，是十分重要的。对于任何家庭或群体来说，缺乏有效的决策都会令人产生不舒服的感觉。如果家庭中的"老大"希望有改变发生，那么改变就更有可能出现。如果家庭中的"老大"是一位酗酒者或行为不端的青少年，那么，让其他家庭成员认识到这一点，也会有帮助。请记住，人们更喜欢闲聊、八卦，而不是直接发表自己的意见。

练习活动 6-1：寻找例外

活动目的

让学员熟悉焦点解决流程中"寻找例外"这个重要环节。

活动细节

请学员两人一组练习，相互询问以下有关例外的问句。建议他们在熟悉整个焦点解决会谈流程之前，不要偏离下列问句。

帮助寻找例外

» 请告诉我，你没有……（困扰）的时候……

» 请告诉我，你比较少……（困扰）的时候……

» 请告诉我，尽管你有这种感觉但仍能应对……（困扰）的时候……

» 当你感到……（困扰）的时候，你会做什么？当你没有感到……（困扰）的时候，你会做些什么来取而代之？

» 你是怎么做到的？

» 请告诉我，你没有让……（困扰）毁掉你的一天的那些时候。

» 你上一次没有让……（困扰）毁掉你的一天，是什么时候？

» 当更多例外发生时，会是什么样子的？

» 当更多例外发生时，谁会注意到？

» 谁可以帮助你让例外发生的次数增多？

安全性问句

下列问句在安全性评估中有助于治疗师寻找例外的存在。

» 我要怎么才能知道你是安全的？

» 你可以做些什么或我可以做些什么，让我知道你是安全的？

» 出现了什么样的信号，才会让你知道你是安全的？

» 你可以跟我分享吗？如果知道了这些信号，我是不是也会觉得安全了许多？

约翰·J. 墨菲（John J. Murphy）（1997）在学校辅导教材中提及了一些不同于学校情境的案例研究。除了常用的焦点解决技巧，他还设计了"5E"法来有效地利用例外经验。

» **引发**（eliciting）并寻找与问题相关的例外。
» **详细说明**（elaborating）与例外相关的细节和情境。
» 将例外**扩展**（expanding）到其他情境中并提高其发生的频率。比如，可以询问："这个例外还在哪里发生过？"
» **评估**（evaluating）介入的有效性。比如，可以询问："这个例外对你多有用呢？"
» **赋能**（empowering）并维持想要做出的改变。比如，可以询问："可以做些什么来让例外能够继续发生？"

练习活动 6-2：EARS 问句

——茵素·金·伯格和诺曼·罗伊斯（Norman Reuss）

活动目的
让学员学习如何对例外问句的回答进行扩展。

活动细节
» **引发**（eliciting）：什么地方变好了？有哪些例外情况已经发生了？
» **扩大**（amplifying）：探讨更多有关例外情况的细节。

» **强化**（reinforcing）：针对当事人的进展与例外，给予赞美和非言语鼓励。

» **再次开始**（starting again）：重复上述过程，直到不再出现更多进展和例外为止。

之后，继续使用评量问句，进行后续步骤的讨论。

二、评量

焦点解决短期治疗中最有效的技术之一就是评量问句（scaling questions）。评量问句邀请当事人利用量尺给自己对以下方面的看法打分：问题、处理问题的能力以及应对当前情境的信心和意愿程度。评量问句是焦点解决治疗师的一笔巨大财富，可以帮助当事人从不切实际的目标中走出来，转而思考不那么令人生畏的具体行动步骤。量尺仅在当事人与治疗师的会谈中具有存在的意义，它也可以作为一种追踪当事人进展状况的即时、有效的工具。量尺还能帮助治疗师与协助当事人的其他专业人员更加清楚地交流与沟通。例如，即使协助当事人的其他专业人员不了解当事人，也不清楚当事人的任何改变细节，通过告诉这些专业人员，当事人从 3 分进步到了 6 分，治疗师也能轻松地让他们明白这些。

量尺能帮助当事人用更具体的方式来谈论难以用语言描述的事情。量尺提供了一个简明的结构，方便当事人和治疗师讨论进展以及探索改变的可能性。量尺上的每个数字在不同的情境中都有其不同的意义。如果会谈中提到了情绪议题，治疗师就可以利用量尺来询问当事人："当你在量尺上再向前移动 1 分时，你的感受又有什么不同？"

当事人可以选择 1 或 10（或任何数字）来代表最好的状况。这通常取决于当事人的文化背景以及个人偏好。在英国的小学中，10 分通常是老师给的最高分，因此大家也都认为 10 分是最好的。而其他国家的人可能使用不同的数字。儿童可能会用室内空间距离或手势来表示分数的高低；青少年可能更喜欢使用百分比。当外科医生使用 0 到 10 分的量尺来丈量疼痛程度时，病人通常会认为 10 分是最差的。对于抑郁的当事人，可以使用 0 到 10 分的量尺，因为对于这部分抑郁的当事人来说，即使 1 分都需要他们用尽全力。同样，情绪高涨的当事人很有可能给自己打 20 分或 200 分。这时候，治疗师可以询问："别人会给你打多少分？""他们会认为你最好的时候的分数是多少？"接着，就他们评量的分数，继续用焦点解决问句进行探究。治疗师也可以就分数与当事人进行讨论，或者只是使用当事人的语言继续进行会谈。

重要评量问句

下文列举了一些重要的评量问句。治疗师可以先对当事人说："请想一下，在 0 到 10 分的量尺上，0 分表示事情对你来说是最糟糕的情况，10 分表示与这个问题有关的情况下的最佳状态。"接着，治疗师可以询问下列问句：

» 那么，你现在位于哪个分数上？（暂停）请告诉我一个数字。

» （当事人："2 分或 3 分？"）可以更精确一些吗？是更接近 2，还是更接近 3？

» 你认为你还要多久可以达到 10 分？（如有必要，提示当事人："5 年？还是更久？还是更快些？"）

» 也许 10 分这个目标太大了？

» 再低一点的分数会更实际些吗？

» 你可以接受的分数是多少？

» 当你在量尺上上升 1 分时，你将会怎样得知？

» 当你再上升 1 分时，还会有什么不同？

» 谁会注意到？

» 在这个量尺上上升 1 分，需要多长时间？

有时，当事人需要一些提示来回答"需要多长时间……？"这类问题。如果治疗师提出"可能一年？或者更长？"，当事人则通常会说他们希望改变可以更快发生。此时，治疗师就可以提出一个较短的时间。当事人对改变发生所需时间的预估通常是错误的，但是预估的这个过程也向当事人证明了他们对情况的预测比他们以为自己知道的要多。治疗师可以尝试改变当事人的期望，即不管当事人提出什么时间，治疗师都提出一个不一样的时间。如果治疗师提出一年，当事人往往会立即说太长或太短，这样的回复恰恰揭示了当事人心中已经有了一个时间表，也让治疗师了解了当事人希望改变发生的节奏是怎样的。如果当事人想要立刻看到改变，那么治疗师在会谈结束时的反馈中可以提出，由于这个问题已长期存在，要立即改变可能不太容易。如果当事人希望变化以非常缓慢的速度发生，那么两次会谈之间的时间间隔可以稍微拉长一点，或许会更合适。值得一提的是，治疗师不应该比当事人更加努力，或者期望改变发生的速度比当事人所能接受的还要快，否则治疗就变成了"强迫解决"（solution forced）。

大多数当事人在量尺上达到 7 分或更高分时，就会开始考虑结束心理治疗。如果他们对心理治疗的结束感到有些担忧的话，可以在最后一次会谈的几周或几个月后,再提供一次会谈。其实当事人很少会参加这样的额外会谈。有些实务工作者喜欢与当事人约定,以 10 或 12 次会谈为一个治疗单元(每次接受完服务后再付费)。如果治疗师觉得可以暂时结束会谈,则可以与当事人商议:"你已经使用了 4 次会谈,还有 6 次。我们会在一年内为你保留这 6 次会谈,除非你告诉我们,你觉得不再需要我们为你保留这 6 次会谈了。当你需要时,打电话给我们预约就可以了。"同样地,当事人也很少会使用这一方案。

对问题或目标进行评量后可使用的追踪问句

» 在 1 到 10 分的量尺上,1 分表示很不满意,10 分表示非常满意,对于你刚才给自己目前的状况打的分,你的满意度会是几分?

» 当你在这个满意度的量尺上再提高 1 分时,你会是在做些什么不同的事?

» 你认为……(对当事人有所抱怨的人)会给你的现况打几分?

» 当你做什么不同的事情时,会告诉那个人(上述对当事人有所抱怨的人)你已经提高 1 分了?

» 在 0 到 10 分的量尺上,0 分代表你一点都不想费力,10 分代表你会做任何事情来解决这个问题,此时,你在这个量尺几分的位置上?(可继续进一步询问:如果再高出 1 分,你会有什么不同的行为?)

» 在 0 到 10 分的量尺上,0 分表示你对能够成功改变的信心不足,10 分表示你充满信心,那么你今天会给自己打几分?(可继续进一步询问:如果再高出 1 分时,你会有什么不同的行为?)

» 在 0 到 10 分的量尺上,10 分表示你知道自己想要什么,也知道自己需要做些什么，0 分则表示相反的状态，那么你目前在量尺的什么位置？

» 你用了多长时间达到目前的这个分数？

» 在 0 到 10 分的量尺上，对于想要实现你所追求的目标，你目前下定决心的程度是几分？（对于这个问句的回答通常有助于找到当事人的优势和资源，特别是在当事人感到悲观时）

如果有家人、社工或老师等与当事人有关的其他人在场，可以询问他们是否赞同当事人给出的分数，或者这些分数是否符合他们的预期。这些信息都会对当事人有所帮助。因为这样可以让当事人知道，别人对他的现状有不同的看法。有时候，来自这些人的反馈也可能在当事人做选择时，提供十分有力的支持。

有些人会认为焦点解决短期治疗忽略了当事人的情绪，其实不然。在实务工作中，当治疗师使用评量问句"你要如何辨认自己已经在量尺上提高了 1 分？"后，当事人通常会在第一时间以"我会感到……"的方式来回应。治疗师在对当事人的情绪表示接纳后，就可以将谈话内容扩展至与情绪相关的各种行为以及其他人对于当事人情绪变化的反应上。如治疗师可以接着问："当你感到……，还有什么会不同？"

治疗师还可以变换不同的方式来运用评量问句。例如："对于自己选择的目标，你有多大的信心可以达成？"通常，不到万不得已，当事人不会选择来接受心理治疗。所以在治疗一开始，当事人或许能够很快确认出目标，但当事人并不相信自己是能够达成目标的。例如在亲密关系的议题上，治疗师可以问："在 0 到 10 分的量尺上，你对你们两年后还在一起有多大的信心？"不管伴侣是否在场，当事人经常都会从他们自己的回答中有所反思。如果当事人与伴侣都在场，那么询问他们同样的问句也可能会有用。因为当一个人说2分，而另一个人说10分时，他们就会意识到平时彼此是怎样沟通的，治疗师则无须对他们的互动发表评论。

对于一些喜欢像写日记一样记录下评量分数的当事人，治疗师可以提出建议："每天晚上评估一下你今天在量尺上的分数位置，并定下你希望明天可以达到的分数，然后在下一次会谈时将这些告诉我。"这种方式的优点是，如果当事人预测了一个较低的分数，而结果如预测的一样，则显现了当事人的判断能力；如果结果比当事人预期的分数更高，这便是一个好兆头；如果当事人预测了一个较高的分数，第二天也确实达到了这个分数，这也是一个好兆头；如果当事人预测的分数较高，但得分较低，那么当事人则可以学习如何做出更准确的预测，也可以学习如何识别当天有哪里不对劲。这样一来，当事人对明天的预测也许会更准确。如果当事人的评量分数高于0分，这就暗示了已经有例外发生，哪怕这个例外十分微小。

练习活动 6-3：练习使用评量问句

本活动由保罗·杰克逊（Paul Jackson）设计。

活动目的

让学员练习使用评量问句。

活动细节

请学员站在两端分别标有数字1和10的教室里，并请他们想象1到10的中间是一条连续的直线，让他们对自己目前的能力进行评分（10分代表能力很强，1分则相反）。接着，请学员走到自评分数的位置上，然后想出三件让他们觉得自己很有能力的事情，并告诉离他们最近的伙伴。之后,请学员沿着这条直线,往高一分的位置迈进,然后,再找另一个离自己最近的伙伴,分享当自己达到这个分数时,哪件事已经发生了变化。

儿童评量问句

对儿童当事人使用评量问句时,可以参考以下的变化形式:

» 画一个梯子或楼梯,写下每一步会发生什么。
» 在墙上或黑板上画一条线,请儿童指出自己目前所在的位置。
» 在地板上铺设玩具或模型车来代表各级的分数,再请儿童走到目前的分数位置上。

练习活动 6-4:永续赞美循环

本活动由保罗·哈克特(Paul Hackett)设计。

活动目的

让学员在日常生活中注意自己的微小能力;鼓励学员学会以欣赏的眼光看待世界,而非只专注于缺陷与不足。

活动细节

第一阶段

请学员在生活中观察并寻找自己欣赏的人、事、物,特别是之前视而不见的或没有特别注意到的小美好。当发现这些小美好时,请学员用语言或非语言的方式去认可和肯定它们。之后,请学员仔细观察自己的任意一个赞美表达出来之后,身边出现永续赞美循环的证据。

请学员相互分享并讨论：

» 你注意到你家有哪些让你欣赏的地方？
» 你注意到你的同事和朋友有哪些地方是你欣赏的？
» 当你能发现一些同事和朋友有着令你欣赏的地方时，即使你们什么都没说，但你对他们的欣赏会怎样让你的一天变得更好？
» 这给你带来了什么样的影响？
» 当你告诉他们你欣赏他们时，你会注意到他们在肢体上或语言上有什么不同的反应？
» 当你发现这个赞美循环在你身边回荡时，你有什么不同？

第二阶段

请学员选择一个目前正在一起工作的家庭，这个家庭的氛围不那么温暖且家人之间常会相互指责。直接邀请家庭成员开始用欣赏的眼光看待他们的家人。保罗·哈克特建议，可以让家人通过给予"隐形徽章"（invisible badges）的方式来表达他们的欣赏之情（如用指尖轻触手臂）。同时，请家庭成员记录下谁送出了最多的"隐形徽章"以及谁收到了最多的"隐形徽章"。

练习活动 6-5：能力

本活动由杰斯克·莱隆凯维奇（Jacek Lelonkiewicz）设计。

活动目的

让学员学会问出当事人所拥有的能力。

活动细节

请学员两人一组进行练习。一人先分享自己最近工作中或周末发生的一件很顺利的事情,另一人则仔细询问有关此事的详细信息,之后询问一些关于优势的问句,如:

» 你是从哪里学会做这件事情的技能的?

» 有谁注意到你做了这件事情?

» 未来你将会怎样在此基础上再接再厉?

学员也可以三人一组,按照下列方式进行练习。

第一步,先请学员 A 讲述问题,学员 B 追问关于问题的细节,学员 C 则记录这个对话中使用了多少个关于问题的词。

第二步,请学员 A 仍讲述问题,但是学员 B 只询问正向方面的细节,学员 C 则记录这个对话中使用了多少个关于解决方案的词。

第三步,根据学员 A 讲述的问题,学员 B 对学员 A 给出赞美,学员 C 则记录学员 B 使用了多少个赞美的词。

第四步,请学员 C 对学员 A、学员 B 说过的正向内容,分别给予赞美。

第五步,三人轮换角色并重复前述步骤(如果课程还有时间、学员不觉得无聊的话!)。

最后,请所有学员回到大团体中,分享自己对于这个练习的心得以及印象深刻的地方。

第 七 章

奇迹问句的练习活动

Exercises Using Miracle Questions

一、奇迹问句

奇迹问句（miracle questions）是焦点解决治疗师经常使用的工具。在当事人回答奇迹问句的过程中，我们可以很明显地看到他们心情愉悦。这个过程强化了当事人的治疗体验，也成为当事人目前状态中的另一个例外经验。奇迹问句常能激发当事人的创造性思维，也会让他们慢慢拼凑出全新的目标或抱负。

焦点解决治疗师并不会向当事人承诺什么事情会发生或什么事不会发生，包括治疗的历程与结果。治疗室内讨论的是当事人如何改变生活或应对目前处境的各种"可能性"，所以不会出现所谓"必定成功"的保证。

常用的奇迹问句如下：

现在，我要问你一个奇怪的问题。（暂停）假如，在我们今天谈话结束后,接着你也做完这一天该做的事情,上床睡觉了。(暂停)就在你睡觉的时候,一个奇迹发生了。这个奇迹解决了让你前来会谈的问题。(暂停)然而,由于你在睡觉,你并不知道奇迹已经发生了。那么,当明天早上醒来的时候,你会注意到什么,从而让你知道奇迹已经发生了,你所带来的问题已经解决了?

神经语言程序学(Neuro-Linguistic Programming,简称"NLP")强调,眼动(eye movements)是一个人内在思考过程的指标。它明确指出,大多数神经组织正常的人在脑中构想新材料时,眼球会有向上、向右的短暂运动,或者会暂时出现不聚焦的状态。当事人在回答奇迹问句时,治疗师经常可以观察到当事人有类似的眼球运动。这些都是令人振奋的迹象,表明当事人即将对奇迹问句做出一些有用的回应。奇迹愿景最初是一种视觉图像。虽然有人指出,只有50%的人是视觉导向的,还有30%的人偏好听觉讯息,20%的人偏好动觉或躯体讯息,但对于大多数当事人来说,回答奇迹问句时所出现的这种眼球运动是一种常见的反应,不会只有50%的人出现。

在回答奇迹问句时,当事人的第一个反应常是沉默或是表示"我不知道"。这样的表现似乎是一种延缓性思考,因为通常在治疗师等待了一会儿之后,当事人就会有更详细的回答。瑞典的哈里·科曼(Harry Korman)用治疗视频研究心理治疗师的行为时发现,对于当事人回答奇迹问句的第一个反应,治疗师暂时不要有任何动作或说任何话是很关键的。他认为,如果治疗师做出动作或发出声音,就意味着轮到治疗师说话了,这会使当事人思考奇迹图像的思维与回应因此而暂停。史蒂夫·德·沙泽尔对这个发现十分赞同。他建议在当事人出现了沉默或者"我不知道"这类回答后,治疗师最多等待六到十秒。语言学研究表明,对于英语使用者而言,四秒钟的沉默是正常谈话中能够容忍的极限。如果当事人仍然没有回答，则可以使用后面介绍的问句来进行提示。

有些宗教的信奉者可能会认为谈论奇迹是件很冒昧的事情。他们认为奇迹属于神的权力范畴。佛教的一些传统观念也不接受奇迹，因为佛陀并不鼓励追随者追求鬼怪神通或神迹。有趣的是，佛陀这样做的理由是：奇迹是频繁发生的，它不应该成为用来说服人们相信任何特定宗教真理的手段。

如果当事人不能接受奇迹，治疗师可以改问"五年后，当我们再见面时，这个问题已经得到了解决，那么，你会告诉我，这段时间你发生了什么？"或者"当你给我们看你这几年所做的事情的视频时，你猜大家会在视频中看到什么？"。治疗师也可以参考比尔·奥汉隆（Bill O'Hanlon）的版本："如果我们能从一个水晶球里看到你的未来，你猜，我们会看到什么？"在与儿童工作时，治疗师可以用"在五年后，这段时间里的所有事情都被'修'好了"或者"当你使用哈利·波特的魔杖……"作为开场。

练习活动 7-1：奇迹问句

活动目的

向学员介绍奇迹问句；让学员练习通过奇迹问句协助当事人制定个人目标。

活动细节

请学员想象："作为一名实务工作者，你知道自己很难按时完成所在单位规定的表格，这让你感到焦虑，尤其是当你和你的督导因被频繁抽查而倍感压力时。想象一下，今晚你回到家，吃了晚饭，放松了一下，然后像往常一样上床睡觉。夜里，奇迹发生了，你在完成表格时遇

到的问题完全消失了。但是,因为你睡着了,所以你不知道奇迹已经发生了。"接着,请学员回答以下问句:

» 当你早上去上班时,你会注意到的第一件告诉你奇迹已经发生了的事情是什么?
» 你的同事会注意到哪些不同?
» 你的督导会注意到哪些不同?
» 你又会做些什么不同的事情?

练习活动 7-2:练习奇迹问句

活动目的
让学员更加熟练奇迹问句及其使用方法。

活动细节
请学员两人一组,一人扮演当事人,一人扮演治疗师。扮演治疗师的学员向扮演当事人的学员提出奇迹问句:

现在,我想问你一个奇怪的问题。假设在我们今天的会谈结束之后,你结束了一天的事情后上床睡觉。在你睡着的时候,奇迹发生了。这个奇迹把让你前来会谈的问题都解决了。但因为你在睡觉,你不知道这个奇迹已经发生了。当你明天早上醒来的时候,会有什么不同的事情告诉你奇迹已经发生了,并且解决了让你前来的问题?

提出奇迹问句之后暂停四至六秒,好让当事人有时间思考,因为这不是一个容易回答的问题。接着，治疗师可以使用下列提示进行推进。

奇迹问句提示

» 你会在与平时一样的时间醒来吗？
» 你会吃跟平时一样的早餐吗？
» 你会穿同样的衣服吗？
» 你会注意到什么？还有什么？还有呢？还有呢？
» 你会看到什么？
» 会有什么不同？
» 其他人会注意到什么？
» 想象一下快到中午时，又会发生什么事情？还有什么能够告诉你奇迹已经发生了？
» 在工作／家庭／其他地方，又会有什么不同？
» 当你傍晚回到家，你还会注意到什么？
» 在这个奇迹发生后的第一天结束时，你会对自己说些什么？

对于一些不合实际的回答，如"中了彩票""所有同事都换成了别人""拥有绝对权力"，治疗师可以询问：

» 所以，"你"会有什么不同？"你"会做什么不一样的事情？
» 这些不同的事情，哪一件是现在能够发生的？

如果当事人极度悲观或缺乏明确目标，治疗师则可以询问：

» 当你不再需要任何治疗的协助时，你会如何得知？
» 大多数问题或情况都会有劣势，也会有优势。我们如何在摆脱劣势的同时，将优势保留下来？

如果当事人十分悲观，有时反而更有可能认为解决问题有诸多不利因素。以下这个负面版本的奇迹问句，可以帮助那些极度悲观的当事人：

假设今晚你在睡觉时做了一场噩梦。在这场噩梦中，你前来讨论的所有问题突然都变成最糟糕的状况……当你醒来后，这场噩梦成真了。那么，明天你会注意到什么，让你知道你过着如噩梦一般的生活？

通过这样问与答，治疗师可以展现自己了解、接受当事人认为可能最糟糕的情况，或让当事人觉得无须再继续说明负面情况。这样一来，当事人就得转变思考方式，给予新的回应。

当事人以"不知道"回答奇迹问句时的提示

当事人"不知道"的这个回答意味着："等等，我正在思考这个问题。"有时，这意味着："我知道怎么回答，但是我不够信任你，现在还不想跟你说。"此时，治疗师可以表现出困惑和茫然的样子，并静静等待，然后回应：

» 这是一个棘手的问题……
» 也许，有时候人确实会觉得自己好像"知道"，又好像"不知道"，确实会令人感到很困惑。
» 花点时间思考一下，不急。

» 猜猜看。

» 假如你确实知道怎么回答,你会怎么回答呢?(茵素·金·伯格)

» 当你有一天知道怎么回答的时候,你会说什么?(这是一个未来导向的问句,与上一个问句不同)

» 这是一个棘手的问题,你不知道也很正常。那么,你现在是怎么想的呢?(史蒂夫·德·沙泽尔)

» 也许我的问题没有帮到你,你觉得我要怎样才可以把这个问题问得更好、更清楚呢?

» 对于和你有类似困扰的人,你会给他们什么建议?

» 当你能够开始弄清楚这个问题的回答时,你会看到的第一个迹象是什么?

» 当你确实想出怎么回答时,会有什么不同?

» 你觉得需要先发生什么事情,才能让你想出怎么回答?

» (对年幼的儿童)喔,我明白了。这是个秘密。好的。

» 也许下一次,你会想要知道到底发生了什么,看看这样你是否能发现自己之前是怎么做到的。

» 好的,那么……(当事人爱的人)会怎么描述这个问题情境呢?

人们相信,奇迹问句创造了一种类似催眠的恍惚状态,能协助当事人创造许多新的可能。人们对于问题的焦虑会释放肾上腺素,使大脑血管紧缩,压力会使大脑和思维变得更加缓慢。而谈论美好的未来会使人的压力减轻,让大脑变得更加活跃,有利于当事人产生关于解决方案的新想法。

为了保持对解决之道的关注,中断或岔开当事人的"问题式谈话"是很重要的。虽然一开始这样做时,有些治疗师可能会感到不太舒服,但通过语言匹配以及谈论当事人想要在治疗中实现的目标,治疗师能向当事人表明自己一直在关注他们所在乎的问题。

当事人　谈论目标是没有用的,因为喝酒依然是一个问题。我已经喝了好几年了,而且我还……

治疗师　你刚刚告诉我你已经喝酒几年了,这个问题存在一段时间了。我希望能更好地了解你的经历。如果我知道你想要达到的目标,我就能更好地了解你。

在沟通对话中,人们的回应可以常以"是""否"或"可能"来概括。一旦清楚当事人的回答到底是哪一种,就可以提出下一个问句。只要以尊重的态度以及以语言匹配的方式提出,当事人就会觉得可以接受。在会谈中,礼貌性地打断有助于加快会谈的进程,节省时间,能帮助当事人避免停留在一些不必要的痛苦议题上,陷入负面记忆。

练习活动 7-3:奇迹问句的节日版本

本活动由杰斯克·莱隆凯维奇设计。

活动目的

让学员可以将奇迹问句与当下的节日联系起来。

活动细节

以下为奇迹问句的节日版本范例(学员可以用"春节"来替代"圣诞节"):

圣诞节快到了。众所周知,在圣诞节的时候,圣诞老人会驾驶驯鹿雪橇在世界各地给所有善良的人送礼物。

当然,他的包里有一份礼物是给你的。如果你有机会在圣诞老人忙着把礼物带给其他人时溜上雪橇,从他的包里取出一个礼物给自己。此时,你希望自己拿出来的是什么礼物?

你选择的是一个什么样的礼物?

当你拥有这个礼物之后,你会如何行动?

这个礼物会给你的生活带来哪些变化?

谁会发现你有这些变化?

这个礼物会给你的家庭带来什么不同?

你的家人会发现你有哪些改变?

还有谁会注意到你的改变?

当你拥有这个礼物之后,你的家庭还会有哪些其他的不同?

对自己所拥有的事物常怀感恩之心总是好的。对于你获得的这份礼物,你会如何表达对圣诞老人、其他人以及世界的感激之情?想一想,写下你的答案吧!

练习活动 7-4:发展目标的其他方式

活动目的
让学员练习发展目标的其他方式。

活动细节
"你对本次会谈的最大期望是什么?"这个问句在英国和瑞典相当受欢迎,人们认为这个问句甚至比奇迹问句更有效果。因此,问句的选择可能取决于当地的文化、治疗师的偏好以及当事人的反应。以下介绍的这些问句有助于治疗师进行目标设定。

» 对于今天的这次会谈,你的最大期望是什么?
» 你想成为什么样的人?
» 今天,在这里,当你正朝着自己的目标前进时,你会看到自己在做些什么?
» 当你实现了这一目标时,其他人会注意到你有哪些不同?
» 他们对待你的反应会有什么不同?
» 你觉得他们的不同反应会对你有什么帮助?
» 第一个实现目标的机会可能会是在什么时候?
» 你怎么会知道,什么时候你不再需要来这里了?
» 我怎么会知道,你不再需要来这里了?

二、危机干预问句

对于处于危机中的当事人,奇迹问句不总是一个安全或合适的选择。以下的危机干预技术已经被证明在长期或急性悲伤疗愈中都是有用的。当然,它们也可以被应用于其他合适的情境。下列的危机干预技术清单有意写得精简扼要,因为在危机中,一个简短的回答或行动都可能会使痛苦暂时减轻或消失。

对于最近经历失落或丧亲的当事人,他们提出的奇迹常是"我的女朋友会回来""我的祖母会活过来"。这证明他们仍然处于丧亲之痛的"麻木"阶段,尚未接受现实。在接受现实之前,他们无法发展出关于未来的新愿景。因此，在这个阶段，未来导向的问句可能不太管用。比较适合实务工作者的回应是"你有没有机会和你的女朋友再在一起？"或"如果你的祖母能活过来是很好，但我猜想，这不太可能会发生，对吗？"，然后可以使用危机处理的相关问句。

L. J. 布林（L. J. Breen）和 M. 欧康纳（M. O'Connor）（2011）认为，悲伤疗愈所经历的并不是一个可识别的、有固定阶段的过程。相反，他们得出的结论是，每个人在悲伤疗愈时所需的时间、所体验到的悲伤和所处的阶段都不一样。而复发的时候，尽管持续的时间可能会缩短，但痛苦程度也可能与第一次发生时一样。布林和欧康纳也认为，其他人对当事人的支持相当重要，也很有帮助。对这些当事人最好的支持方式是倾听和询问有关失落的细节（多问"还有呢？"）。向处于悲伤中的人提供解释并说"振作一点"之类的话是没有用的。

练习活动 7-5：危机干预的思路

本活动由约翰·沙里（John Sharry）设计。

活动目的
让学员练习焦点解决危机干预的问句。

活动细节
请学员两人一组练习。一人根据自己与危机中的当事人合作的经验来扮演当事人，并尽可能回答扮演治疗师的学员提出的问句。之后，两人交换角色。

» 你会如何度过自己今天剩余的时间？

» 到目前为止，你是如何让自己继续前进的？

» 你以前遇到过这样的情况吗?

» 还有什么人、事、物会对你有帮助?

» 有其他人跟你分享过一样或类似的危机经历吗?

» 你与……(失去的人)在一起最快乐的时光是什么时候?

» 没有……(失去的人),你可以做同样的事情吗?

» 为了让你对……(失去的人)的记忆持续保持鲜活,你觉得你可以做些什么?

» ……(失去的人)现在对你的期望可能会是什么?

危机干预的评量问句(使用 1—10 的评量)

» 对于活过今天/活到周末,你有多大的信心?

» 发生什么,会让你增加 1 分的信心?

利用访谈来评估事件本身的影响

» 这件事让你变得更强壮还是更脆弱了?

» 有哪些事情是你以前没有想过,但现在却一直在思考的?

» 这些事情有可能会给你带来一点好处吗?

» 如果你在六个月后回顾这件事,发现这件事后来有了一个最好的结果,那么那时候,你是在做些什么事情?

第 八 章

关于反馈与后续会谈的练习活动以及会谈效果的评估

Exercises About Feedback and Return Visits;
Evaluating Sessions

焦点解决短期治疗最初是利用医学和家庭治疗的理念发展起来的。在医学和家庭治疗中，会谈常以建议、诊断和（或）治疗计划以及介入方案作为结束。一些焦点解决治疗师仍希望以类似的方式来结束会谈。史蒂夫·德·沙泽尔认为，当事人常希望在每次会谈结束时从治疗师处得到一些信息，否则，他们会认为治疗师没有和他们一起解决问题。

一、暂停与休息

在家庭治疗中，治疗师通常会在给予反馈之前暂停一下。许多焦点解决短期治疗的治疗师喜欢延续这种做法。暂停休息的时间，让实务工作者有机会和督导团队进行讨论。这个设计是为了帮助治疗师从会谈的情绪氛围中暂时走出来，从而为家庭提出一些替代性建议。

这样做,也会让治疗师提出的建议对家庭更具影响力。

有时候,治疗师不能离开会谈室休息。但是,大多数情况下,治疗师仍可以说:"你告诉了我许多有意义的事情,我需要花几分钟时间看一下我的笔记并对你刚刚所说的内容进行思考。"当事人或家庭通常都会很乐意静静地坐着等待,因为他们认为这表示治疗师十分认真地对待他们,也代表治疗师已经意识到他们的处境是具有挑战性的。

反馈

在焦点解决短期治疗的早期文献中,对于会谈最后一个阶段的建议是:治疗师对当事人的问题表示理解与认可,接着给予赞美并提出任务。

要简短、笼统地(或具体地)对当事人的问题或困扰表示理解与认可。不然,他们会觉得治疗师过于乐观,太快地将话题转移到赞美与任务上。

在赞美方面,如果是与家庭工作,要给在场的每个人至少一个赞美。如果合适的话,也可以对他们之间的互动关系进行赞美。赞美的数量应取决于当事人的文化背景。培训师和教科书都告诉我们,在美国,你可以尽情赞美别人;但在英国,如果听到三个以上的赞美,当事人就会产生怀疑;在德国,两个赞美就够了;而在澳大利亚,一个赞美就绰绰有余。

在提出任务方面,治疗师应基于会谈所得信息或者参考"练习活动8-1"中所提及的原则。

治疗师要注意,如果一位当事人在会谈开始时的评量分数低于3分,且在三次会谈后仍然没有超过3分,那么可以考虑更换治疗师或治疗方式。这时,治疗师仍要给予当事人反馈,即使部分反馈内容是更换治疗师或治疗方式。

练习活动 8-1：反馈与结束会谈的练习

活动目的
让学员练习在会谈结束时给予反馈。

活动细节
请学员两人一组，一人担任访谈者，一人担任受访者。请受访者提出一个愿意分享的小困难，两人相互交谈一段时间。或者，让学员与之前做过对话练习的学员两人一组，然后根据两人的对话内容，为对方建构一条反馈或书写一条结束会谈的讯息。

关于任务提议，请学员依据对话内容，选择给予对方以下其中的一个提议。

» 如果当事人已经有几个可以去实现目标的好主意，则提议："继续多做你已经在做的事情。"

» 如果当事人已经试过很多方法，但成效甚微，则提议："是时候去做一些全新的尝试了，而你本人最清楚可以从哪里开始。"

» "请在每天晚上预测一下自己明天将会移动到量尺的哪一个分数上，然后在第二天晚上看看前一晚的预测是否正确。"如果当事人认为他们的问题是不可预测的，那么这个任务会很有帮助，因为这会让当事人知道他们是有能力做出一些预测的。

» "请在每周选一天假装奇迹发生了，但是不要告诉任何人你选的是哪天。"这个任务对于那些与亲近的家人住在一起的当事人非常有用，因为当事人会看到其他家人对"奇迹"的反应。

» "请思考并讨论你在目前的生活中想要继续保持不变的事情，但是，请记住先'不要'尝试做任何的改变。"这是一种"悖论干预"：如果一个人被他人告知"不要"去做任何事情，他们通常会有一些新的行为。

如果当事人表现出不确定要不要完成任务，治疗师可以将任务重新建构为"仅做一次"或"作为实验"来鼓励当事人尝试提议的任务。

注意当事人点头和开放的姿势，以此来评估他们是否愿意完成提议的任务。

最后，询问当事人是否希望预约下一次会谈。如果当事人希望进行下一次会谈，询问他们认为应该间隔多久。

近年来，不少焦点解决治疗师认为，在给予反馈时，应运用当事人提供的信息而非治疗师的提议。于是，这些治疗师在会谈结束时改用"间接反馈"（indirect feedback）的方式。例如，他们会询问当事人在会谈中有什么收获，或强调当事人在会谈过程中提到的一些想法。也有一些治疗师会通过询问当事人是否希望安排下一次会谈来作为结束。通常，当事人能根据实际判断自己需要多长时间来做出改变，也能够明确提出需要间隔多久的时间来进行下一次会谈。

会谈记录表

使用专门为焦点解决取向设计的结构化记录表，会对治疗师有所帮助。示例如下（表8.1）：

表 8.1　焦点解决短期治疗记录表

当事人姓名：_____　　　会谈日期：_____ 治疗师姓名：_____　　　顾问／督导：_____ 会谈次数：_____	
目标	
家庭结构	
会谈前的改变	
例外	
评量	
奇迹	
反馈 （理解与认可问题；赞美；提议任务）	
约定下次会谈时间 （如果当事人愿意再来）	
下次会谈的注意事项 （在当事人离开之后，治疗师可能会想到的之后需要提及的其他事项，或需要再询问当事人的事情）	

另一种记录表（表8.2）由瑞典玛尔摩的哈里·科曼所设计。他使用的是六格表，将当事人所提供的相关信息放入每个特定的方格之中。

表8.2　焦点解决短期治疗记录表

议题	想要的结果
资源	评量
例外	后续步骤

二、后续会谈

与当事人的后续会谈都遵循类似下列的系列问句。如果当事人提出的是一个新的问题或目标，治疗师则需要询问他们哪一个是最为重要的。如果当事人认为新的问题更为重要，那么治疗师就重复第一次会谈的流程与系列问句来处理这个新问题。

对于之前已与其他实务工作者（不管是否为焦点解决取向的实务工作者）会谈过的当事人，治疗师也可以对其应用后续会谈的系列问句。

关键问句

- » 自从上次会谈以后,有什么地方变得更好了?
- » 还有呢?
- » 还有呢?
- » (如果发生了正面事件)你是怎么做到的?
- » (如果发生了负面事件)这是怎么发生的?
- » 你是如何应对的?
- » 在 0 到 10 分之间,你今天的评量分数是几分?
- » 下一步是什么?
- » 如果分数上升 1 分,会发生什么?(**记得获取实际、具体的描述**)
- » 理解与认可当事人的问题。
- » 给予赞美。
- » 提议任务。
- » 询问下一次会谈的日期与间隔时间。
- » 询问当事人现在是否已经能够更好地应对情况,而不需要再来了。(当事人的评量分数如果达到了 7 分,即可准备结束治疗服务。这通常会在第三次会谈后发生)

练习活动 8-2:焦点解决对话的练习

活动目的

让学员熟悉第二次及后续会谈中的对话。

活动细节

请学员与之前对话过的同组学员再次一起合作练习。根据两人之前的对话内容，进行一次"后续会谈"。同样地，一名学员担任访问者，另一名担任受访者，之后再交换角色并重复这个过程。

练习活动 8-3：设计视觉辅助

本活动由科尔特·维瑟设计。

活动目的

让学员练习为发展目标和评估进展提供视觉辅助。

活动细节

请学员两人一组，一人扮演治疗师，一人扮演当事人。在黑板上画一个圆，在这个圆的外面，再画另一个圆（看起来像是箭靶的靶心）。请当事人在内圈写上已经做到的事情，在外圈（两圈之间）则写上关于未来的计划。当然，也可以请当事人拿一张纸自行画出内外圈或者给当事人一张已经印好内外圈的纸来进行这个活动。之后，两人交换角色，重复进行该活动。

请学员使用以下问句相互采访。

你希望自己在什么地方可以做得更好？

请受访者想想自己喜欢做的且希望能够做得更好的一件事情（如爱好或运动），并进行描述。（给访谈者的建议：给受访者一些思考的时间。）

你擅长什么？

请受访者说出并在内圈写下以下内容：你已经完成了什么？你擅长的是什么？哪些事情的进展是顺利的？（给访谈者的建议：鼓励受

访者回答,并不断提问"还有呢?",因为没有所谓微不足道的事。)

外圈需要发生的是什么?

请受访者说出并在外圈记下以下内容:你下一步想要学习、掌握和(或)完成什么?你想达成什么?你希望什么地方变得更好?(给访谈者的建议:帮助受访者用正面的语言来描述外圈的内容,而非暗示要停止在发生的什么事。)

未来,你的下一步是什么?

询问受访者想先把外圈的哪一项移到内圈去,请其构思一个小步骤来作为开端。

与儿童一起工作时,可以让孩子在内圈写出"顺利的事",在外圈(即两圈之间)写下"目前不顺利但自己想要变好的事情"。通常,孩子们很喜欢这个练习活动。父母可以在旁边提出一些可以补充进去的事项。在这个过程中,提问、寻找例外、给予赞美都是十分有用的介入。如果孩子在内圈与外圈都提到了同一件事,治疗师则可以用评量问句来询问这件事在过去与未来之间的差异和距离。

练习活动 8-4:儿童工作中的视觉辅助

活动目的

让学员练习在儿童工作中提供视觉辅助。

活动细节

在与儿童进行工作时,治疗师可以用画图的方式来记录问题和解决之道。在会谈中，儿童可能在解释时就已经开始作画了，也可以由治疗师先画。会谈结束后，治疗师可以将这些画复印或拍照作为记录归档。

三、对会谈效果进行评估

当会谈看起来没有什么效果时，治疗师可以运用下列问句询问当事人。

» 你觉得这次会谈怎么样？
» 我们应该继续讨论这个议题，还是你对……更感兴趣？
» 这对你来说是有意义的吗？这是我们需要花些时间去讨论的吗？
» 我想知道，你是否希望我多问这方面的问题，还是你觉得我们改为关注……是你更需要的？
» 如果能对你更有帮助的话，我们应该谈些什么？
» 你希望我能问些什么，是我在之前都还没有问的？
» 在 1 到 10 分的量尺上，1 分代表这次会谈没有任何帮助，10 分代表这次会谈好得不能再好了，你认为这次会谈是在几分的位置？
» 当**我**做了什么不同的事情时，你对这次会谈的评分能再高一分？
» 当**你**做了什么不同的事情时，你对这次会谈的评分能再高一分？

会谈评量表

这个表格（表 8.3）由治疗师邀请进行个体治疗的当事人就每次会谈的治疗关系、所追求的目标或议题、治疗师使用的取向或方法以及会谈的整体效果进行评量。当事人被要求在长度为 10 厘米的直线上做标记并打分。

表 8.3 会谈评量表（SRS V.3.0）*

姓名：_____　　　　　　　　年龄：_____
身份证 / 档案编号：_____　　性别：男 / 女
第___次会谈　　　　　　　　　　日期：_____

请利用下列直线来评估今天的会谈经历，并用 X 来标记。线的左右两端代表两种不同的经历。如果你的标记（X）越往左，那就表示你越同意左端的描述；标记（X）越往右，那就表示你越同意右端的描述。

（请治疗师注意：为了确保评量的准确性，请在实际使用中确保每一条直线都是 10 厘米长。在使用表格前，请删除这段说明。）

我和治疗师的关系

| 我觉得治疗师没有仔细听我讲话，而且也不了解我、尊重我 | ———————————— | 我觉得治疗师仔细听我讲话了，而且还很了解我、尊重我 |

会谈的目标和主题

| 我们没有谈到我想谈的话题，也没做我想要做的事情 | ———————————— | 我们谈到了我想谈的话题，也做了我想做的事情 |

会谈方式

| 治疗师的会谈方式不适合我 | ———————————— | 治疗师的会谈方式很适合我 |

整体方面

| 我觉得今天的会谈有不足的地方 | ———————————— | 整体来说，我对今天的会谈很满意 |

From Institute for the Study of Therapeutic Change, www.talkingcure.com. Copyright ©2000 by Lynn D. Johnson, Scott D. Miller and Barry L. Duncan. Lisenced for personal use only.

---

* 该表格由林恩·D. 约翰逊（Lynn D. Johnson）、斯科特·D. 米勒（Scott D. Miller）、巴里·L. 邓肯（Barry L. Duncan）设计，摘自 https://betteroutcomesnow.com/resources/articles-handouts/。网站上有图片版可供儿童和有学习障碍的当事人使用。该表格仅限个人使用。

治疗成果评量表

这个表格(表8.4)是一个请当事人自己评估治疗进展的工具。同样地,它适合进行个体治疗的治疗师在工作中使用。

治疗师可以对当事人说:"回顾过去的一周,包括今天,请你在这些10厘米长的直线上标记你目前的状况,来帮助我们了解你的感受。最左端代表情况不好,最右端代表情况良好。"评量的向度包括:个人(个人身心健康)、人际关系(家庭、亲密关系)、社会(工作、学校、友谊)以及整体生活(整体幸福感)。

表8.4 治疗成果评量表(ORS)*

姓名:_____	年龄:_____	性别:男/女
第____次会谈	日期:_____	
填写这份问卷的人:☐ 我本人(当事人)		☐ 其他人
如果你是其他人,你和当事人的关系是:_____		

请你回顾一下过去一周(包括今天)生活各方面的情况,并利用下列直线来进行评估,帮助我们了解你的感受。请在直线上做标记 X 来表示你目前的状况。你的标记(X)越往左,那就代表状况越不好;标记(X)越往右,那就代表状况越好。

如果你是在帮当事人填写这个表格,请根据你对他/她的了解来填写。

(请治疗师注意:为了确保评量的准确性,请在实际使用中确保每一条直线都是10厘米长。<u>在使用表格前,请删除这段说明。</u>)

---

* 该表格由米勒和邓肯设计,摘自 https://betteroutcomesnow.com/resources/articles-handouts/。网站上有图片版可供儿童和有学习障碍的当事人使用。该表格仅限个人使用。

续表

| 姓名：_____ | 年龄：_____ | 性别：男 / 女 |

第____次会谈　　　　　日期：_____

填写这份问卷的人：☐ 我本人（当事人）　　☐ 其他人

如果你是其他人，你和当事人的关系是：_____

个人
（个人身心健康）

状况不好 |——————————————————| 状况良好

人际关系
（家庭、亲密关系）

状况不好 |——————————————————| 状况良好

社会
（工作、学校、友谊）

状况不好 |——————————————————| 状况良好

整体生活
（整体幸福感）

状况不好 |——————————————————| 状况良好

From Institute for the Study of Therapeutic Change, www.talkingcure.com. Copyright ©2000 by Scott D. Miller and Barry L. Duncan. Lisenced for personal use only.

会谈进展缓慢时可提议的任务

当发现当事人改变的进展一直比较缓慢时，治疗师可以在会谈结束时提议类似下列的任务，请当事人回去尝试。

» 每天做一件对你有益的小事。我们再来讨论这件小事带来的不同。

» 每天多注意你做了哪些对自己有益的事情，我们可以谈谈这些有益的事情。

» 请注意你做出的一些较好的选择，并记录这些选择所带来的影响，我们可以讨论这些选择与影响。

» 虽然你目前暂时还无法攻破这个问题，那么，你现在可以做些什么来阻止它继续发展下去，或者你现在可以做些什么来让这个问题不再继续恶化？（这样一来，你就可以为自己争取主动权。）记得从一小步开始。

» 假装你已经在你想要的未来里了，请注意之后发生的变化，请把你注意到的内容带来讨论。请特别留意，在这个你设想的未来里，你将做什么不同的事来取代你目前正在做的。

» 做一些善待自己的事情并努力解决问题。请注意你自己会做些什么，或者因此产生了什么不同的感受。

» 这些问题试图控制我们，因此你可以通过控制自己的想法从而不让问题称心如意。想一想你可以对自己说的一些话，这些话是足以让你与这些问题抗衡的。我很想知道，你想出来的这些话是什么。

四、改变的速度

弗莱彻·皮考克（Fletcher Peacock）（2001）提出用"消费者"（customers）、"抱怨者"（complainants）、"来访者"（visitors）来描述治疗师与当事人之间可能的三种初始关系状态。他也建议可以采用"高速""中速""低速"这样的说法来形容当事人的不同状态。"高速"的当事人是指已经准备好要行动的当事人；对于"中速"的当事人，可以邀请他们进行观察或说一说"需要发生什么才能有所改变"；对于"低速"的当事人，可以建议他们凡事慢慢来，给予他们赞美和正面反馈，都会是有用的做法。MRI 指出，人们做事时，都有自己的速度或节奏（Watzlawick, Weakland and Fisch, 1974）。这一点常常在当事人对评量问句的回答中有所体现。如果想要知道当事人的行动速度，治疗师可以直接询问当事人是喜欢迅速行动还是更喜欢在行动前深思熟虑。这些都可以给治疗师提供有用的信息，让治疗师在会谈结束时更好地提议任务及安排下一次会谈。

以上这些观点，在某些方面与詹姆斯·O. 普罗查斯卡（James O. Prochaska）和卡洛·迪克曼特（Carlo DiClemente）（1982）所说的"改变阶段"类似。他们建议，治疗师要根据当事人目前所处的改变阶段来采取不同的介入方式。对于改变阶段，普罗查斯卡（1999）已经进行了相关研究，并详细描述了所需的时间间隔。具体而言，对于处于"酝酿前期"（pre-contemplation）阶段（处于该阶段的当事人在接下来的六个月内都不可能有改变）的当事人，提供信息可能才是他们所能接受的介入。在"酝酿"（contemplation）阶段（改变发生的六个月前），信息、讨论资源和解决之道，都可能是合适的议题。在"准备"（preparation）阶段（改变发生的几周前），关于如何引发改变以及使用哪些资源的讨论,变得非常重要。当事人在"行动"(action)阶段时,改变正在进行中。普罗查斯卡认为,这一阶段大约会持续六个月。这一观点也与其他一般的心理治疗研究一致。当事人处于"维持"(maintenance)阶段时,预防以及管理复发是重中之重,这个阶段预计会持续六个月到五年,也可能持续一生。最后,"终止"(termination)阶段,当事人把来谈议题整个永远地抛诸脑后。

伊冯娜·多兰也提出当事人从"受害者"(victim)到"幸存者"(survivor),再到"真实自我"(authentic self)的改变顺序。后两者与普罗查斯卡的"维持"阶段和"终止"阶段相对应。

普罗查斯卡的"准备""行动""维持""终止"阶段与焦点解决工作模式十分契合。然而重要的是,治疗师需要判断当事人是否还处于"酝酿前期"或"酝酿"阶段,因为处于这两个阶段的当事人尚未准备好做出改变,除非治疗师仔细地关注他们的目标以及他们对奇迹问句的回应,否则很容易变为"强迫解决"。此时,有帮助的做法是依据当事人对评量问句的回答,询问他们认为要达到 10 分或其他较高分数所需的时间。治疗师可以把当事人对改变发生的时间的评估,与普罗查斯卡和迪克曼特所描述的改变各阶段的时间长短与顺序进行对照比较。

面对"卡住"的当事人,可尝试提出的问句

如果当事人一直没有进展,在督导中可以就下列方向进行讨论,治疗师也可以依据这些问句进行自我督导:

» 为了将来不要再陷入"卡住"的状态,应该要避免做哪些事情?

» 如果要将当事人转介给另一名实务工作者,你会给这名实务工作者什么建议?

» 如果你直接与当事人讨论会谈没有进展的这个状况,会发生什么?

» 如果当事人一直没有进展,那么又会发生什么?

有时候,一些来谈的夫妻或家庭似乎只是在争吵,经常一遍又一遍地重复相同的谈话,很大程度上似乎忽略了治疗师的存在。此时,以下策略可能会有所帮助:

» 与每个人核实对方到底说了什么。

» 慢速前进,做大量丰富的笔记,然后,坚持再慢一点。

» 询问当事人:"说这些对你们有帮助吗?因为听到这些,对我没有帮助。"

» 提议结束此次会谈,并邀请当事人预约下一次会谈。

» 将家庭成员分开,轮流与他们进行谈话。当你与其中一人交谈时,其他人在外面等待。

» 如果你有一个团队(无论是真实的还是想象的),请咨询他们。

» 如果尝试什么方式都无效,请当事人更换治疗师。通常,与其改变治疗取向,不如直接换一位治疗师来得有效。

"非奇迹场景" *

如果当事人似乎一直没有进展,以下问句可能会有所帮助:

» 对你来说,到目前为止的变化足够了吗?

---

* 霍克斯(Hawkes),马什(Marsh),威尔戈什(Wilgosh)。

» 还需要发生哪些事情,才能让你朝着你的奇迹图像再迈进一点点?

» 我再做些什么,会对你更有帮助?

» 现在你已经尝试过这些方法了,但是你仍觉得自己无法改变丈夫/妻子的行为,那么,现在你可以做些什么,会让自己觉得好过一点点?

» 在你等待某些事发生改变的期间,你可以如何多照顾自己一点点?

五、焦点解决短期治疗的成果研究

无论哪种心理治疗流派,在全世界范围内的成功率均为60%至70%。自1995年以来,欧洲短期治疗协会(European Brief Therapy Association)和其他机构一直在监测焦点解决短期治疗研究的成果。最初,这项工作由我负责,目前则由一组实务工作者负责,结果均在网站 www.ebta.eu 上发布。

截至2017年10月,每年有超过2800篇英文文献被发表,其他语种的文献也有至少12篇。其中至少包括10篇元分析、7篇系统回顾,以及325篇相关结果研究(其中含有143篇随机对照实验)。这些研究都显示了焦点解决方法的效益,其中的92篇研究显示焦点解决取向优于现有的其他治疗方案。另外,在100篇比较研究中,71篇肯定了焦点解决短期治疗的成效。超过9000宗个案提供的有效数据也证实焦点解决短期治疗的成功率超过60%,平均只需要3到6.5次治疗会谈。

焦点解决取向已被美国联邦政府和国家物质滥用和心智健康服

务局(the Substance Abuse and Mental Health Services Administration, 简称"SAMHSA")的国家循证计划和实践登记处(the National Registry of Evidence-based Programs and Practices, 简称"NREPP")批准为一个有实证效果的治疗取向。华盛顿州、俄勒冈州和得克萨斯州目前正在检验焦点解决短期治疗的实证效果。明尼苏达州、密歇根州和加利福尼亚州已有组织机构开始使用焦点解决取向。芬兰设有焦点解决硕士学位(由英国授予),新加坡也有经批准的认证课程方案。加拿大有一个为从业人员和治疗师设立的注册机构。瑞典、波兰、德国和奥地利在其系统执业资格范围内也接受焦点解决短期治疗。威尔士(英国)已经将焦点解决短期治疗纳入其初级精神卫生计划中。

一个新的认证机构焦点解决训练机构国际联盟(the International Alliance of Solution-focused Teaching Institutes, 简称"IASTI", www.iasti.org)在远东地区、美国和一些欧洲国家进行了注册。在印度,有一个焦点解决协会和供同行写评论的期刊。美国的医疗保险仅涵盖药物治疗,因此心理治疗并不能使用医保支付,但美国的儿童工作和成人私立实务机构中已经在使用焦点解决短期治疗了。韩国同样拥有一个焦点解决协会,也有一本相关的期刊和一个认证项目。2001年,英国成立了一个焦点解决全国性组织。

当然,心理动力学和认知行为疗法(CBT)在全世界都有很大的既得利益。一位同行称自己的焦点解决技术为"隐形的认知行为疗法"。瑞典政府为当事人提供认知行为疗法的倡议,但该疗法因效果不佳已被撤销。在意大利,人们也开始使用焦点解决取向。一些西班牙的大学提供具有大量焦点解决元素的心理学学位。在伊朗,人们发表了大量相关论文,其中包括许多支持妇女权利的论文。英国有一个名为"BRIEF"(短期治疗, info@brief.org.uk)的机构,机构成员在巴勒斯坦举办了培训,还有成员去到以色列任教。波兰有两个国家级的焦点解决组织。在太平洋周边地区，很多国家都对焦点解决深感兴趣，并有焦点解决组织或团体，其中包括中国、日本等。

练习活动 8-5：研究结果在实务工作中有多重要

活动目的
请学员评估研究成果在日常工作中的价值。

活动细节
请学员形成五六人的小组，对以下问句进行讨论：

» 假设焦点解决短期治疗的研究已经被证明对你服务的人群绝对有效，那么，从下周一开始，这项新研究结果会给你和你的同事带来什么不同？

» 这项新发现将如何影响你所在机构的同事们？

» 如果你自己并不使用焦点解决短期治疗的方法，那么与其有效性相关的研究证明，将如何影响你的立场和工作习惯？

第 九 章

实务工作场域议题的练习活动

Exercises for Issues in the Workplace

　　人与人之间最简单的互动情境是彼此的对话。许多心理治疗方法都基于这一互动模式。焦点解决短期治疗最初是由史蒂夫·德·沙泽尔和茵素·金·伯格从这样的互动模式中发展出来的。他们将治疗室中对当事人没有帮助的内容全部删掉。然而，当问句数量被删减至最少之后，他们发现，焦点解决模式同样可以运用于家庭和机构组织，而不仅限于个体当事人。利用焦点解决取向来处理机构组织中的问题，已被证实在全球范围内都具有应用价值，该取向已在不同国家和文化中被广泛运用。能有这样的成果，是因为焦点解决取向是以当事人自身的描述为核心的，这不同于早期以治疗师及其督导的文化视角为主轴的治疗模式。

　　焦点解决系列问句与观点，也已被证实对社会福利组织及商业机构同样具有应用价值。本章的练习活动可以用在工作坊中，用来鼓励学员思考如何运用焦点解决的思维，因为大多数学员都是焦点解决技术的"新手"。

一、开始在实务工作场域中使用焦点解决技术

练习活动 9-1：把焦点解决思维运用在实务工作中

活动目的
让学员练习评估自己的工作情况。

活动细节
请学员想象一下自己需要与多名有着不同专业训练背景的同事一起合作，接着，询问自己以下问句：

» 你对工作的看法/感受是什么？
» 在目前的工作环境中，你做的事情与其他同事有什么不同？
» 为了在这种环境中工作，你做了哪些准备？
» 你的同事展现了哪些技能和资源？
» 你会给自己对同事的工作内容以及同事如何工作的理解程度打几分？
» 你还需要做些什么来发展和维持你与同事之间的关系？

反歧视练习
请学员回想一下一起工作或合作过的人，接着，思考以下问句：

» 这些人可以分为几类？比如，分为男性和女性，蓝领和白领等。
» 你认为这些分类会如何影响他们的经验？
» 你是怎么知道的？
» 在工作中，你是如何考虑这些分类的？

与住院病人对话的微型工具

在医院、护理之家这些场域中，常无法进行一场时间较长的会谈。运用下列问句，治疗师可以快速地为病人提供协助。

» 目前的问题是什么？
» 用 0 到 10 分来评量问题的严重程度（0 分代表很严重，10 分则相反），目前的分数是多少？
» 当你有什么第一小步行动时，你就知道量尺上的分数正在提高？
» 有谁会注意到？
» 与此同时，你还可以采用哪些应对技巧？

在提出这些问句之后，有必要提醒病人，工作人员也可能有一些重要的工作目标，例如协助病人服用处方药、避免暴力事件的发生等。

二、遭遇霸凌

当遭遇霸凌时，记得向身边的朋友寻求支持与帮助。在青少年阶段，知道什么是真正的朋友，是很重要的。有时候，我们会发现有些朋友只是在一起吃喝玩乐而已，但真正的朋友是可以与自己并肩作战的。比如，他们可以帮忙把事情发生的经过写下来，或者将霸凌的过程录下来，并签名做证，以证实霸凌确实发生了。如果霸凌者前来与被霸凌者说话，被霸凌者的朋友可以打岔，聊一个中立的话题，忽略霸凌者的存在。这样的朋友不一定需要与被霸凌者很熟悉，只要两个人在对话时看起来是很熟的样子即可。

身边拥有体型高大、强壮的朋友也会对霸凌者有恐吓效果。虽然挑衅打架不是一件好事，但如果霸凌者知道自己有被报复的可能，那么当他们想要捉弄别人时，也会更小心收敛一些。

如果霸凌者是一个爱面子的人，那么被霸凌者则可以暗示其自己将会采取一些行动，即使自己不见得真的会这样做。通常，霸凌者收到这个暗示之后，他们的攻击性会变弱。被霸凌者或其父母可以向学校求助。如果人们知道对错，即使没有公开谈论，也会形成一种社会舆论压力。

还有一些建议可供成年人或儿童使用。首先，可以考虑是否要让警方介入，也可以试着找出霸凌者之前有无霸凌他人的记录，尝试从其他被霸凌过的人那里获取霸凌事件的口述、视频或书面材料。这些资料都会证实被霸凌者所言属实。

当然，事先预备好如何面对霸凌是十分重要的。对霸凌者，我们不必友好。当他们想要和你说话时，不要理他们，也不要看他们。记得警告其他被霸凌者欺负的人。记录下与霸凌者相关的一切，包含对话过程、对话内容、任何的身体接触等。如果霸凌者觉得大家可能会看到霸凌过程的记录或视频，他们会担心，不知道你会怎么处理这些资料，他们的霸凌行为从而就有可能会减少或停止。平时遇到霸凌者时，记得将手机放在口袋里或拿在手上。照片或录音都会降低霸凌者扭曲或否定事实的可能性。也可以请朋友在一旁用手机当场记录下霸凌的过程,并将这些资料交给校方、主管部门或警方。

反霸凌支持团体 *

对于受到霸凌的儿童,反霸凌支持团体可以单独与被霸凌的儿童进行会谈,询问:

» 最近你发现很难相处或难以应付的人都有谁?
» 当事情变得棘手时,还有谁在附近?
» 你在学校的朋友都有谁?/你想和哪些人做朋友?

接着,将所有被提及的儿童聚在一起(目标儿童除外),询问这些儿童可以如何帮助目标儿童。一周后再与目标儿童一起回顾生活中发生的改变。

练习活动 9-2:反霸凌方法的运用

活动目的

通过该练习,帮助学员在日后与被霸凌的孩子交谈时,显得更加轻松、自信。

活动细节

请学员两人一组,其中一人扮演被霸凌的儿童,另一人扮演实务工作者,练习上述反霸凌问句。

---

*休·扬。

三、面对法律程序的当事人

一些当事人会被卷入与法律相关的案件中,例如可能与儿童保护有关或是被拘留在医院、监狱等。许多当事人在被卷入法律程序时会变得非常焦虑。

人们常难以在类似法院的环境里发表自己的观点。在事前花一些时间思考自己在法庭上或仲裁时要陈述的内容,会有很大的帮助。在出席任何听证会或法庭之前,对以下问题进行思考或讨论,会给当事人带来很大的帮助。

» 仲裁(庭审)结束后,你离开那个房间并回顾这次会面,如果有一个可以代表这次会面是成功的事情或画面,你希望是什么?

» 在这个过程中,你可以接受的最小的改变是什么?或你觉得自己可以做到的最小的改变是什么?

» 如果这次裁决的结果对你是不利的,下次你会做些什么来改变这个结果?

恢复性司法

恢复性司法(restorative justice)的目标是让受刑人员能够真正意识到自己的犯罪行为对受害者及其家属造成的影响。在监狱系统进行的会谈,会邀请罪犯和受到攻击的人及其家庭成员共同参与。目前,已有一些治疗师采用焦点解决取向结合动机式问句(motivational questions)来引导整个会谈过程。这种模式在夏威夷和其他地方受到了评估,被认定是有效的(Walker, 2005)。这种模式也帮助受刑人员进一步减少再次犯罪的可能。

家庭暴力

几个世纪以来，人们都默许家庭暴力的存在。如今，家庭暴力已成为社会的重要问题，人们也了解到，家庭暴力是给家庭成员造成直接或间接伤害的重要原因。家庭暴力的处理和介入与愤怒管理以及与违法者工作有着共同的特征。最重要的一个介入重点是关注是否有家庭暴力的可能。一旦发现家庭暴力的蛛丝马迹，就要立刻询问相关问句。如果治疗师对当事人的安全十分有把握，那么下列问句则不一定都需要提出。

在与有家庭暴力问题的伴侣工作时，重要的是确保双方都对于继续会谈感到安全。一些机构拒绝让有家庭暴力问题的伴侣一起接受治疗，但超过80%的伴侣在暴力事件发生后至少尝试过一次治疗，希望能继续共同生活。因此，十分有必要的是让会谈变得更安全，帮助伴侣向前迈进一步。而治疗师直接询问是否存在家庭暴力的可能性的这一举动，也表明治疗师愿意帮忙处理这个议题，同时也能让家庭暴力变成一个可以开放讨论的话题。这一举动本身，就是降低风险的方式之一。

治疗师要确保自己确实了解当事人提到的如"抑郁""打架"或"虐待"等关键词的含义，并且认真对待他们所说的话。如有必要，请治疗师询问如下所示的具体的封闭式问句。治疗师一旦听到否定回答（如"不"），即停止继续询问。在这一过程中，治疗师需要发现任何可用于进行风险评估和进一步行动的信息。治疗师也有责任了解并遵守国家、地方的法律规定和政策，以确保能保护所有正面临危险的当事人。

» 争吵,你是说只是口头上的争吵,还是有肢体上的冲突?
» 他打你?这样的情况出现了一次,还是很多次?是打你的耳光还是用拳头打你?是用手还是用什么东西?
» 他踢你?他踩你了,还是跪在你身上?他有掐你的脖子吗?你昏倒了吗?
» 有其他人曾目睹这样的情况吗?
» 你受伤了吗?你曾因此去看医生或被送去医院(急诊室)吗?
» 警方介入过吗?是否已经在法庭上提起了诉讼?
» 你反击过吗?你对你的伴侣做了什么?
» 有其他人受伤吗?孩子呢?是否已经有儿童保护的工作人员介入了?

这些问句有助于治疗师与当事人一起判断情况的紧急程度,一起决定是否需要让警察局或妇女庇护所等机构进行介入。

经历性虐待的成年当事人

和家庭暴力议题一样,在会谈中,只要当事人提及过去或现在存在的性虐待问题时,便意味着有进一步调查的必要了。众所周知,由于性虐待事件的受害者因多种原因不愿意对此进行公开,很多性虐待事件都从未被报道。因此,当事人不太可能不小心或偶然向治疗师提及这件事情。

虐待行为可能会代代相传。对家庭过去出现的虐待行为有所提及,可能会揭露家庭中儿童被虐待的潜在风险。因此,如果当事人提及虐待,这时候,十分重要的是获取足够的细节来判断需要进行哪些后续步骤。切记，治疗师需要认真对待这些关于虐待的指控，并且获取足够的信息以做出后续行动的决定。这有可能是当事人第一次提到这段经历，治疗师千万不能表现出排斥或不感兴趣，因为这样的反应有可能导致当事人退缩，从而让治疗师失去可以帮助他们的机会。即使这些当事人后来没有与治疗师保持联系，但是治疗师的态度可能会鼓励当事人在日后继续尝试咨询别人来帮助自己。

以下问句的设计初衷是避免给予当事人任何暗示，从而预防会谈过程和当事人所说的内容在日后被质疑是当事人的记忆出错或是受到治疗师提示。因为以后可能会有起诉，所以非常重要的是，在了解情况的过程中，治疗师千万不要提示当事人，因为这可能会影响到随后当事人与警方的面谈。在许多国家，法庭与律师是可以查阅治疗师撰写的会谈记录的。有时，这会让对方的律师有机会反咬一口，称这一切都是治疗师建议当事人对特定人士提出指控导致的。

询问提及性虐待的成年当事人的相关问句

» 当时你是几岁？是几岁到几岁期间？

» 是谁做的？家庭成员？亲戚？朋友？陌生人？不止一个施虐者？这些人是谁？

» 这个人拿了什么东西给你看吗？有触摸你吗？用什么东西触摸了你的哪里？

» 你会痛吗？有什么东西放到你的身体里了吗？是什么？进入你身体的哪个部位？

» 你告诉过别人吗？没有说是因为有什么特别的考虑吗？你说了以后，得到的是什么反应？当时有谁知道？现在有谁知道？就你所知，还有其他人被这样对待过吗？

» 你的身体有受伤吗？你被绑起来了吗？有被要求穿特殊的服装吗？有一些仪式性或邪恶的行为吗？

问完每一个问句，一定要接着询问："你以前有没有把这些告诉过别人？""对于刚才所说的这些，还有需要补充说明的吗？"

大多数当事人在被问到这些问句时，会因为自己被认真对待而感到宽慰和放心。实际上，当事人更愿意被问到这类很实际的问句，而且这一询问过程也让他们感觉到治疗师展现出了处理这个议题的专业能力。

有一些当事人可能会出现创伤后应激症状，如反复出现伤害事件的记忆或画面，即使并没有什么可辨识的触发因素。这类当事人可能可以从眼动脱敏与再加工疗法（Eye Movement Desensitisation and Reprocessing，简称"EMDR"）中受益（详见第十一章）。

来自亲密家人的性虐待或相关威胁，可能会严重影响受虐者日后生活中的人际交往。有时，施虐者会对孩子说"这意味着你在家庭中很特别"或"这真的是我爱你的一种方式"等。这可能会让受害的孩子产生复杂的感受，因为在孩子的预期中，亲密家庭成员是诚实且关心他们的。同样地，诸如"如果你让妈妈知道这件事，我就会杀了你妈妈"或"如果你告诉任何人，你就会被带走"这类威胁，在施虐者离开很长时间之后，仍可能会给当事人造成影响。对儿童和他们所珍视的人，包括他们的宠物的极端威胁并不罕见，这些威胁常有更为巨大的影响。相比之下，陌生人的性侵犯，无论多么可怕，往往是单一事件，并不会像前者一样对当事人的人际交往能力造成损害。

家庭性虐待的另一种情况是，任何揭露这件事的人经常会被其他家庭成员当作是替罪羊或被排斥,因为他们担心这会分裂、破坏家庭关系。常出现的言论有:"他也这样对我,但是我从来没有告诉过任何人,你为什么要这么大惊小怪?""如果你保持安静的话,他很快就会转向你妹妹,就不会再找你了啊!"这种情况常需要在治疗中加以处理。

性虐待和儿童保护

当儿童或青少年在会谈中揭露过去或现在出现的性虐待事件时,治疗师要十分小心谨慎,避免对儿童的陈述出现误解,也要避免自己因问句的使用不当而不小心将某些观点强加给他们。当然,治疗师在会谈中通常能够获得最少的必要信息。如果出现了必须深入调查的明显信号,那么就可以让专业机构介入,参与进一步的处理。比起成年人提及的性虐待经历(通常是发生在过去的),儿童本人和可能涉及的其他儿童所面临的风险,通常是更加紧迫的。

如果儿童揭露或声称某事,治疗师可参照下列提示进行介入。

- » 多使用开放式问句:"告诉我更多关于……;请说明……;请描述……;这个人是谁?"

- » 别转移话题或提出无关的问题。

- » 记录儿童提及的相关时刻、日期和采取的行动。

- » 与儿童服务工作小组讨论。

- » 请注意,施虐者可能会穿着奇装异服或给孩子服用药物,让孩子们说出来的内容听起来很虚幻,以至于他人在听这些孩子讲这些内容时,一时很难相信。

儿童保护工作的"安全标志"*

"安全标志"方法("Signs of Safety" approach)是一种评估和管理儿童保护工作的方法。这一方法是由家庭治疗师安德鲁·特奈尔和社会工作者史蒂夫·爱德华兹在与澳大利亚西部的某些偏远的土著社区合作发展而来的。由于历史原因,从澳大利亚原住民家庭中带走儿童并不被当地人所接受,因此,有必要设计一种新的合作方式,能让工作人员在辨识风险的同时,为儿童和家庭提供合适的解决方案。由于资源的原因,工作人员在与家庭开始接触时,就必须开始推进与发展解决方案。

"安全标志"方法的第一步是列出会提高风险的因素与提高安全性的因素,并设计一个0到10分的量尺,来进行综合性的安全评量。

接着,儿童保护机构通过将当前的案例与其他个案进行比较,用另一个0到10分的量尺来评量当前案例的严重程度。

最后,为机构、家庭确立一些具体的目标,后续的每一小步行动也应该被具体阐明。这些目标要能反映出即刻的进展。

一些国家已经确认"安全标志"方法是有效的。这一方法也被英国的一些社会服务部门作为整个儿童保护战略的基础。

四、关于职场教练及其他任务的练习活动

练习活动 9-3:微工具——两分钟教练

本活动由迈克尔·耶尔思设计。

要完成一个具有建设性的教练会谈,所需问句的数量其实少得惊

---

* 安德鲁·特奈尔(Andrew Turnell)和史蒂夫·爱德华兹(Steve Edwards)。

人。请学员两人一组做访谈练习，一人担任教练，一人扮演当事人。访问的主题是当前真实存在的或想象的教练议题，例如目前工作中遇到的困难。教练需要多次提出以下问句，并邀请当事人进行回答：

» 你会怎么知道这个会谈已经帮助到你了？
» 本次会谈结束后，你会更加善用自己的哪些特质与优势？

请担任教练的学员务必采用"语言匹配"的方式，不要让当事人觉得会谈是机械式重复发问。例如：

当事人　我在目前的工作中遇到了一个困扰。
教　练　给我说说这个工作中的困扰……

又如：

当事人　我连续三天上班迟到了……
教　练　那么，之后，你会如何得知这次的会谈是真的帮助到你了，能让你不再迟到？
当事人　我上班会更准时。
教　练　那么你会使用自己的哪些特质来帮助自己变得准时呢？

请配对的学员尝试上述问句几分钟之后，交换角色，再次进行练习活动。

OSKAR 教练模型 *

较之完整的焦点解决模式，OSKAR 教练模型更加简短且能更快起效。当教练或工作场所中出现突发危机，又不适合或不方便运用整套焦点解决模式时，就可以使用 OSKAR 教练模型。这一模型的步骤重点如下。

» **想要的结果**（outcome wanted）：希望接下来发生什么。（类似于目标设定）

» **评量**（scale）。

» **实际经验**（know-how）：已经采取过的行动。

» **肯定及行动**（affirm & action）：赞美、后续步骤。

» **回顾**（review）：回顾整个会谈和计划。

PLUS 微计划 **

需要在短时间内组织会议或其他练习活动时，PLUS 是一个可以帮助记忆的有效工具。

P：平台（Platform）

» 组织这个会议的原因是什么？

» 会议的目的是什么？

» 你的职责是什么？

---

* 马克·麦克高和保罗·杰克逊。

** 迈克尔·耶尔思。

L：展望可能的未来（Look at the possible future）

» 你希望看到什么样的结果？

» 你至少需要看到什么发生？

U：善用成功和现有信息（Utilise success and existing information）

» 为了能让这次会议成功举行，你或其他人在事前做了哪些准备工作？

S：步骤和评量（Steps and scales）

» 你现在可以做些什么？

» 需要先发生、先做的是什么？

职业规划咨询的初次会谈 *

职业规划咨询的初次会谈可结合 PLUS 进行。具体流程如下：

"我想要进行职业规划咨询"

P：是什么促使你到这里来做职业规划咨询？

L：如果这次职业规划咨询对你非常有帮助，你会有什么不同？

　还有什么？

U：你过去做了些什么，帮助自己获得了职业上的发展？

　还有什么？

---

* 安东·斯特拉曼斯（Anton Stellamans）。

S: 今天我们可以一起做的、对你有帮助的第一件事是什么?

"我想知道自己想要什么"

P: 所以,你想知道自己想要的是什么。

L: 想象一下,如果你真的知道自己想要什么的话,你会有什么不同?

U: 在过去(或其他情况中),有什么帮助过你找到了自己想要什么?

U: 谁帮助过你?那个人是怎么帮助你找到想要的是什么的?

U: 还有呢?

S: 在这里,如果我们能帮助你朝"找到自己想要什么"迈进一步,我们可以做的第一步是什么?

S: 为了帮助自己发现自己想要什么,你可以采取的第一步行动是什么?

梦寐以求的工作

P: 你想要一份新工作!

L: 假如你找到了自己梦寐以求的工作,你怎么知道这份工作是适合你的?

U: 一份工作的哪些要素对你来说是很重要的?

U: 假如一个奇迹发生了,你努力找到了一份梦寐以求的工作,那么,这份工作看起来是什么样子的?还有呢?

U: 你喜欢什么?你喜欢做什么?还有呢?

S: 为了帮助自己搞清楚梦寐以求的工作是什么样子的,你需要做的第一步是什么?

S: 还是说,你想要改变现在的工作,让它看起来更像你梦寐以求的工作?

练习活动 9-4：微观评估（Microevaluation）

本活动由迈克尔·耶尔思设计。

活动目的
让学员练习评估会谈的成功。

活动细节
善用成功（探索）
» 你做过最好的事情是什么？
» 别人会说你做过的最好的事情是什么？
» 你是怎么做到的？
» 你从中学到了什么？

评估成功（1至10分）
» 是什么让你打这个分数？
» 基于目前的成功，你接下来还会继续多做哪些事情？
» 你会因为这个成功，改做些什么不同的事情？

可以将当事人不同时期提出的分数进行比较，并尝试发现到底什么是有用的。

在困难情境中寻找资源 [*]

我们希望能通过对话引导当事人发现自己的资源。然而，在一些

---

[*] 保罗·杰克逊和珍妮·华德曼（Janine Waldman）。

困难情境中，我们可以基于自己作为治疗师或顾问的经历或经验，提出一些可能有用的想法或意见。请记住，在提出这些想法或意见时，要像给当事人礼物一样，而不是直接提出指示或要求。一种方式是讲故事。人们总是通过分享故事的方式，来传递经验和智慧。很多故事早在人们能够写作之前就存在了。

治疗师或顾问可以讲述自己在类似困难情境中的经历，与当事人分享"我的故事"。这有助于建立治疗师的可信度，也能向当事人展示治疗师一直在努力了解当事人的情况。治疗师或顾问一定要确保不会在整个会谈期间一直讲自己的故事！

另一种选择是用第三人称来讲故事，与当事人分享"他或她的故事"。例如："我的一个朋友曾经和你有类似的遭遇。他仔细研究了这个问题，最后找到了一些让文书工作更易于管理的方式来解决这个问题，而没有换掉工作。"这种讲故事的方式的优势在于，治疗师或顾问并没有表现出与故事有特别的关联性，从而给予当事人空间，让其自由地选择是否采纳这些做法。

如果治疗师或顾问正是相关领域的专家，则可以讲一个"专家的故事"，将过去使用过或见过的解决方案予以分享。这样可以提高治疗师或顾问的可信度，但是千万要小心不要把自己的想法强加给当事人，也要注意不要成为必须完成所有工作且对当事人的成功或失败负责的那个人！

治疗师或顾问也可以利用历史或文学中的隐喻或传说来说明类似的困难情境与相应的做法。这样做的好处是，当事人可以从中受到启发，会产生新颖、有创造性的想法，但不会觉得这些想法是治疗师强加给他们的。

就上述所有的技巧，可以请学员两人一组进行练习。学员可以针对适合自己的情况，尝试其中的任意一种讲故事的方式。接着，以小组的方式进行讨论，五六人一组，请一名学员提供一个简短的案例，最后，邀请小组中的每名学员，使用上述其中的一种方法来回应这个案例中的当事人。

WOWW 教室训练工具 *

WOWW（Working with What Works，在有效之处工作）是由茵素·金·伯格和李·希尔茨为佛罗里达州的一所小学设计的活动（Shilts，2008）。该活动的操作步骤如下：

首先，请一位教练坐在班级的角落观察，记录班级中的正向事件与互动。观察一至两小时之后，教练针对大家做得好的事情，向班级同学、老师给予正向反馈，在反馈时提到一些学生的名字（尽可能地提到所有的学生），并尽可能地提到刚才观察到的良好行为的细节。

第二周再重复一遍。

第三周或之后，这位教练通过评量问句帮助孩子们为"好的教室氛围"进行目标设定。教师和班级同学针对每个被提出的议题（目标）预测评量分数，之后，在这周结束时确认进展的情况。

通常，班级里一旦建立起这种反思回顾行为的稳定模式，教练就不再需要出现了。

练习活动 9-5：为工作中有难度的会谈做准备

本活动由珍妮特·凯迪（Janet Keddie）修改自迈克尔·耶尔思。

活动目的

让学员为工作中会出现的有难度的会谈做准备。

---

* 李·希尔茨（Lee Shilts）。

活动细节

当治疗师在工作中得知自己即将面临一个具有挑战性的会谈时，可以先自行询问自己下列问句：

» 你对这次会谈的最大期望是什么？
» 你们彼此都想要的是什么？
» 你对这个人有什么看法与评价？
» 过去在类似的情况中，你用的什么方法是有效的？
» 事情进展顺利的第一个迹象是什么？
» 可能有用的资源还有哪些？
» 此时此刻，你可以做的是什么？在会谈过程中，你可以做的又是什么？

请学员先想想工作中会遇到的这类有难度的会谈，并写下对上述问句的回答。接着，请学员组成小组（如五到六人一组），分享自己的回答。

练习活动 9-6：抱怨、不满、悲叹

本活动发展自雷亚·古尔（Rayya Ghul）。

活动目的

让身为职场主管的学员学会如何将下属的抱怨转化为他们自身的资源优势。

活动细节

请学员邀请另一个有不同专业训练背景的伙伴组成一组，一人扮演主管，一人扮演下属。接着，扮演下属的学员需要在五分钟内非常详细地抱怨工作中的一个问题。扮演主管的学员静静地听着（可以出现点头这类动作）。五分钟结束时，主管表示要短暂地休息一下。之后，主管根据所听到的内容，对下属进行一系列赞美，并直接让下属知道。这些赞美必须是真诚的并与刚才抱怨的内容相关的，比如："你真有毅力。"最后，两人交换角色，重复上述过程。

五、职场团体活动中改变思维焦点的方法

在职场中，大家已经习惯性地采用"以问题为焦点"的方式来进行对话。当新的"以解决方案为焦点"的观点被接受时，这样的习惯会有所转变。以下的练习能在不直接提及原有议题的情况下，帮助大家转变思维焦点。

会议："问题"还是"解决"？*

下列表格（表 9.1）中的议题能让你通过询问不同的问句，转移会议或个案研讨中的焦点。

表 9.1

以"问题"为焦点	以"解决"为焦点
抱怨	个人/团队/当事人的目标
对问题的假设	个人/团队/当事人的资源 + 正向特质

---

* 该活动是以赫尔曼·德·胡（Herman de Hoogh）（psylaw@tip.nl）于 2000 年提出的"评估会议模式"为基础设计的，于 2011 年由麦克唐纳博士引用。

续表

以"问题"为焦点	以"解决"为焦点
关于问题或困扰的历史	个人/团队/当事人过去的成就或成功之处
对过去历史的提问	个人/团队/当事人提供及使用过的建议
预测,而不是行动	个人/团队/当事人计划的第一步
对以"问题"为焦点的思维的建议	对以"解决"为焦点的思维的建议

当观察员或参与者希望改变会议的走向时,可选择如下的行动步骤:

» 听几分钟会议内容,评估一下谈话的走向符合上方表格中哪一栏的内容。

» 如果出现以"问题"为焦点的评论与问句,请按照右栏的内容给予评论或提出问句。

练习活动 9-7:改变会议走向无须解释

活动目的
向学员演示如何让会议走向从以"问题"为焦点转移至以"解决"为焦点,而无须就细节上的变化进行辩论。

活动细节
在向团队展示这一技术时,比较有帮助的是请他们先展示在职场中常见的和典型的会议进行方式,同时,邀请一些人作为观察者,来帮忙记录以"问题"为焦点的评论出现了多少次。

几分钟后，请团队转而进行以"解决"为焦点的谈话，观察者用相同的方式计算以"解决"为焦点的评论出现了多少次。这一活动会向大家展示，回到以"问题"为焦点的对话是多么容易。通常这个时候，参与者都会汇报说自己更偏向使用以"解决"为焦点的对话。

练习活动 9-8："而且"还是"但是"

活动目的

让学员学会改变职场会议的焦点。

活动细节

另一种可能的方法是，请学员像平时在职场那样在小组中就某些事情进行讨论。接着，告诉他们需要遵守的规则：在讨论中，要使用"而且"（and）这个词，而不能使用"但是"（but）这个词。在讨论持续一段时间后，大家会注意到变化，也会发现讨论中产生了许多有创意的想法。

练习活动 9-9：评估职场中团体的功能

本活动由迈克尔·耶尔思设计。

活动目的

帮助学员了解如何应用焦点解决的概念来带领与管理团体。

活动细节

请学员三或四人一组进行讨论，互相讨论各自做组长或组员的经历。在此基础上，各小组汇整出带领团体的相关原则或不成文的规则。之后，每个小组向课程大团体展示讨论成果。

课程带领者在指导小组进行讨论的过程中，可以提出以下问句：

» 团体领导者做了什么是对团体的发展有帮助的？
» 团体领导者做了什么是让团体成员感到安全的？
» 如果一个团体有两位以上的领导者，什么样的信号会让你觉得他们是合作良好的？
» 团体领导者做了什么来激励这个团体，并且让成员保持着盎然的兴致？
» 什么样的团体规则对你似乎是有帮助的？

迅速寻得合作之道

工作效率研究表明，80%的工作效率来自20%的工作内容，因此一个完美的组织架构并不是最重要的。任何组织都能完成分配的工作，除非其效率下降至20%以下。这些研究以防御性作战中军队的表现为基础。许多对濒临倒闭的医院和企业的匿名调查都证实了这些研究结果的准确性。在一个团队或组织的功能严重恶化之前，我们很难发现它是毫无作用的。但到了那时，我们会发现整个团队或组织早已运行不良了。这正是众多管理者都有过的经历：一旦开始深入调查一项严重的问题，我们就会发现有更多的问题和错误早已存在。如果想让团队或组织再次有效地运作并重新建立良好的工作制度，人们往往需要付出巨大的努力。

好的管理表现在避免事态发展至上述的境地。这意味着管理层常需要处理许多看似微小的问题，以免这些问题在日后变得无法挽回。所谓好的管理，在很多时候都是看不见的，因为在早期问题就被规避或者解决了。优秀的管理者不会问"为什么"，也不会去追溯问题的历史，他们专注于现在能做什么。

许多管理者发现，各式各样的员工会在没有预约的情况下来到他们的办公室，分享自己的问题和焦虑。管理者需要以尊重的态度和恰当的方式对这些分享做出回应，并鼓励员工独自解决，而非依赖于管理层来解决这些问题。如果管理人员能及时做出有效的回应，那么这些议题就不太可能会变得更加严重或被继续抱怨。

当员工来到管理者的办公室门口时，他们经常处于担忧或愤怒的状态，建议管理者立即搁置当前的工作，并把注意力全部放在员工身上。如果还不知道他们是谁，那就尽快确认。最好先不要邀请他们坐下来，除非他们看起来非常痛苦。如果他们站着，他们会更倾向于采取行动。管理者最好继续保持坐姿，因为如果员工一来管理者就立刻起身，这一反应会迅速增加员工的焦虑感。如果管理者在员工站着的时候依旧保持坐姿，这也会向员工传达一个信息：管理者希望继续手头上的工作。

接着，管理者可以开始询问以下的重要问句：

» 问题是什么？（**询问具体的行为描述**）

» 发生了什么？

» 谁做了什么？

» 这件事是什么时候发生的？

» 我们能否确定这样的情况还在继续？

» 我们如何知道？

» 为了解决这个问题，我们必须改变谁的思维或立场？

在这个阶段，管理者可以简要记录一些重点。这些记录可以帮助他们判断话题是否重复，也能证明他们是真的在全力关注问题。重要的是，对于员工对被认定为问题的事件提供的信息，管理者要判断信息的质量。通常，在管理者得到上述问句的回答时，前来抱怨的员工已经冷静了下来，可以对自己当下的处境进行思考，也可以思考该如何应对。这时，管理者便可继续提出下一组问句：

» 什么样的第一小步可以告诉我们，情况正朝着正确的方向发展？
» 现在可以做些什么？
» 谁可以做？
» 这个解决方案的下一步是什么？

管理者最好不要主动提供自己的想法或意见，除非在非常必要的时候且必须在征求了员工的意见之后。如果管理者希望员工学会自信地独自解决问题，而不再依赖于管理层，这会对他们的发展有所帮助，也会让公司更有效率地运转，在未来甚至还可以减少占用管理者的时间。以下问句可以帮助管理者确保问题正在被顺利地解决。

» 我们什么时候可以回顾一下这件事情？
» 如果要回顾，我们怎么做会比较好？

在对话中，管理者记得使用"我们"这个词，这会让对方觉得管理者对于这次谈话是负责任的。如果问题没有得到解决或改善，则可建议员工向更适合的工作人员反馈。虽然这个工作人员可能隶属于机构的其他部门，但其仍可成为管理者与员工的有用资源，尤其是在需要的时候。

管理者可以将对话结果简短地记录在最初的笔记中，以备将来会用到这段对话。之后，可以将该记录与该事件所涉及的具体部门的情况一起提交给单位。如果是由高级经理或团队负责人提出的问题，那么可以将这份记录保存在他们的个人档案中，以作为未来相关考核的参考。尤其是当这种意外访问的频率突然提高时，更需要这样做。

一个重要的步骤是设定一个回顾的环节，因为管理层常希望在介入后，可以确保被提到的问题能够真正得到解决。管理者需要尽快得知自己是否做出了错误的判断或选择了不恰当的处理方式。因为让未解决的问题存在发酵的空间和时间，从而使它变得更加复杂、难以处理，并不是一个明智之举。

一般来说，这样的对话大概会持续五分钟。一周之后，管理者可能就会发现这个问题几乎已经被人遗忘了。当然，还会继续出现其他新的问题，这就是管理领域的特点。

练习活动 9-10：练习快速获得合作之道

练习这一技术的一个好方法是要求学员两人一组或组成数人的小组，再邀请一些学员担任观察员。两名学员模拟他们工作中常见的情境，并使用前述问句。之后，观察员和参与者可以一起交流，这样的方式与他们原来习以为常的方法有什么不同。

六、发展共识未来的预期谈话

当出现有纠纷或存在争议的两组人（如家庭成员和员工，或同一企业中的两组人)时,需要让他们听听对方不同的想法。

邀请这两组人先坐在同一个房间的两张桌子的旁边。之后,引导者轮流询问每一个人下列的关键问句。如果时间允许,请回答者尽量详细地回答每一个提问,也请在场的每个人都专心倾听。

当谈话主题是关于家庭和医疗保健的问题时,最好从员工组开始,之后再换到家庭组。在职场中,最好从自认为不那么受欢迎或被歧视的群体开始。

引导者可以询问的关键问句如下:

» 请描述,如果一切情况都更加顺利(或更好了),未来的一年会是什么样子?
» 为了让一切情况变得更顺利(或更好),哪些事情需要被完成?
» 谁帮忙执行和完成了这件事情?
» 他们做了什么?
» 一年前的你有着怎样的担心?
» 是什么减轻了你的担忧?

在这个过程中,引导者需要对每一个问句的回答进行完整扼要地总结。同时,引导者或某名团体成员可以记录下关于美好未来的细节以及为实现它而提出的所有建议。

接着,在另一组中重复上述过程。如果有第二位引导者,可以让其负责第二轮的引导工作。同样,引导者也需要完整扼要地总结每一个问句的回答,并且请人协助记录下这些关于美好未来的细节以及为实现它而提出的所有建议。

随后，请在场的两组人一起对提议的计划进行总体讨论，这有助于修复两组人之间的整体关系，也能帮他们找回彼此的共同利益。至此，双方都知道了对方的观点，也会了解到大家寻求解决方案的诚意与承诺。如果无法在一次会议中解决所有问题，则可将两组回答的笔记内容保留下来，供日后使用。

整个会议过程的时长取决于所涉及的议题。通常，与心理健康和家庭相关的问题需要一到两个小时，而公司与组织中根深蒂固的冲突可能需要一整天或更长的时间。如果某个问题或议题涉及太多的员工，以至于在可用的时间内无法进行上述步骤，那么可以使用下面介绍的简易版。下列的步骤有利于变革管理，但如果存在公开的分歧或冲突，效果会差一些。

简易版的方式是请受到企业管理变化影响的每个人都围坐在桌旁，引导者轮流询问每个人下列问句：

» 如果你什么都不做，会有什么结果？（让他们先认识到改变的必要性）

» 你能够做些什么来帮忙？

» 你这样做之后，会发生什么？

接着，定下一个最低限度的计划——谁与谁接下来至少应做些什么。

一个有用的改进方法是，让两组各派一人分别详细记下会议所讨论到的相关议题。将两组人的会议记录进行比对后，就很容易看到双方在哪些方面上其实已经达成了共识。如此，只需要就双方的分歧做进一步的讨论即可。之后，也可以向其他人展示所有的会议记录，以证明会议已经提到了所有必要的事项。

在教授这一技术时，请受训的学员在真实或想象的情境中进行练习。练习结束后,请所有在场的人进行讨论并找出这一技术与他们平日使用的方法有什么不同。

练习活动 9-11:协助组织变革

本活动由汉内斯－康莫里西尔(Hannes-Commericeel)设计。

活动目的

当组织或单位因某种原因要扩展或者重组(如在其他地方开设新的分支机构或将员工团队转到其他部门)时,该活动中的对话就非常有用。这项练习活动可以用于个人反思,也可以用于单位会议中所进行的两人或数人一组的讨论。

活动细节

以下问句可在一个成功的团队要被拆分到不同的部门工作之际派上用场。要离开的同事就像是要到别处去的朋友一样。很多人都有远离家乡和长途旅行的经历,我们可以利用这些经历来为这类工作变化做好心理准备。这项练习将日常生活中长途旅行的愉快体验,与离开工作团队的经历相类比。

当朋友要去旅行时,人们会向他们说再见:

» 想一想,当人们要开始他们的旅程时,祝福他们的方法有哪些?你最近一次这样做是什么时候?

» 什么时候有人说过,你在给予别人祝福时,做得很好?

» 在这个名为"合作"的旅程即将开始时,你希望你的同事对你说些什么?

» 如果你为他们新的旅程偷偷准备了一份告别礼物,礼物会是什么?

» 假设你的同事离开了，你最想念他们的地方会是什么？
» 你希望他们带回来的收获是什么？
» 你想要如何祝福他们？

当朋友结束海上长途旅行回家后，人们在欢迎他们时：

» 你最近一次受到热烈欢迎是什么时候？有什么不错的事情发生吗？
» 这次热烈欢迎，对你造成了什么不同的影响？
» 其他人什么时候说过你的欢迎方式是令人难以忘怀的？你做了什么让他们如此难以忘怀？
» 你那时的欢迎方式带来了什么不同？
» 当他们返回岸上时，你最感激的是什么？
» 你希望如何欢迎他们？你希望他们如何注意到自己是受欢迎的？
» 你会如何邀请他们描述旅程中的新体验？

建设性批评*

建设性批评（constructive criticism）通常不被视为焦点解决技术。但是在商业和教育领域，存在着许多需要反馈的情况。有时，为了让个人或业务有所改善，反馈中须包括行为改变的要求。

首先，思考一下已经做了什么。许多人对于批评他人和与他人对峙会感到焦虑，即使这是他们在工作中被要求必须履行的一部分职责。尽管焦虑，大多数人也发展出了可以运用在这类情况中的技能。

---

* 彼得·罗里格。

一个好的开始的方式是，先想一下在一个 0 到 10 分的量尺上，对于"你是否擅长用某种方式批评他人，让他们在不会感觉到受伤或被侮辱的情况下接受批评"的向度进行评量，自己会在几分的位置。换句话说，思考一下这些批评是否会带来自己所期望的结果。接着，可以请在场的经理或经营者讨论自己提出建设性批评的能力，可以两人一组或在大团体中进行。有时，即使对话是简短的，也会揭示一个人所拥有的各种技能。

这里有一个值得学习的重点：如果同事们受到了适当的表扬，那么当管理者在必须给予批评或评论时，会更容易进行一些。所以，每一个批评或评论都需要包含五个赞美。批评或评论的技能是可以通过练习而习得和精进的，这样将有助于日后更为有效地引导同事。在培训较为高级的管理人员时，可以用评论或反馈的训练形式。因为评论或反馈的过程可以帮助你告诉他人，你是如何看待他们的，同时也能让你得知他人是如何看待你的。

以焦点解决的观点来说，主管应避免承担过多的责任。例如，不是都得由主管来提供关于下属将来如何才能更有成就的解决方案。相反，下属本人必须负责找到一个解决方案，来让主管和自己都满意。

以下为建设性批评的关键问句：

会谈前

» 你（身为经理）希望从这个过程中得到什么？

» 当你离开房间并回顾这次会谈时，你希望看到什么样的成功？

会谈中

» 我不满足于……（当前特定的行为）。

» 我想要你……/我希望你……（具体的改变）。

» 我相信你能找到办法做到这一点。

» 很可能你已经考虑过如何改变这种情况。对于解决方案,你有什么想法或提议?

» 向我说明一下,这个方案将如何产生作用或帮助?

下一步

» 如果你对这位同事的表现仍不满意,请在两三天内安排进一步的会谈,以便有时间再次制定新的解决方案。

练习活动 9-12:建设性批评

请一名学员自愿分享其目前或过去的工作经验,再请另一名学员使用上述问句来对其进行访问。之后,请所有学员分享对这个练习的反馈,并请他们比较这个练习与他们经常使用的技术或过去的相关会谈有什么区别。

练习活动 9-13:焦点解决调解

本活动由弗雷德里克·班宁克设计。

活动目的
供学员在与处在冲突中的伴侣工作时使用。

活动细节
请学员依据真实的案例或影视剧中某些情节,两人一组,进行练习。

P: 平台
» 你希望从调解中获得什么?

L: 展望可能的未来
» 这会带来什么不同或改变?
» 有哪些事情已经显示你正朝着正确的方向在发展?

S: 步骤和评量
» 下一个步骤或下一个进展的信号是什么?
» 你本人可以做些什么?
» 你想从其他人那里得到什么帮助?
» 找出最有效的三个行动,并将其写在便利贴上或公布栏上。

七、评估工作表现

练习活动 9-14:对自己的表现进行自我评估

本活动由保罗·杰克逊和珍妮·华德曼设计。

活动目的

让学员学习评估自己的工作表现。

活动细节

这个活动适合学员单独进行练习。当然,学员也可以在完成个人反思之后,与另一个伙伴进行这一活动,或以小组的方式进行。学员可以参照以下步骤进行反思:

» 想想你在过去三个月左右的工作表现。

» 以 100 分来评估自己这三个月的工作表现：差、尚可、良好、优秀。想想你工作中的哪些表现是优秀的，哪些是良好的，哪些是尚可或差的。

从"优秀"之处开始

» 你什么时候的表现是"优秀"的？

» 是什么造就了这个"优秀"之处？

» 你是怎么样让这个"优秀"之处发生的？

» 当你如此"优秀"时，别人可能会注意到你的什么地方？

» 如果你能更注意这个"优秀"之处，对你会有什么帮助？

改为询问"良好"之处

» 你什么时候的表现是"良好"的？

» 你表现"良好"的时候发生了什么？

» 你做了哪些特别的事让你能表现"良好"？

» 当你表现"良好"的时候，你的老板、同事、当事人会说他们特别注意到了你的什么地方？

» 注意到这个"良好"之处，对你会有什么其他帮助？

询问"尚可"之处

» 你的表现什么时候是"尚可"的？请明确些。

» 在你表现"尚可"时，你的亮点是什么？

» 注意到这个"尚可"之处,对你会有什么其他帮助?

判断一下

» 花点时间思考一下你对"优秀""良好""尚可"等表现的看法。

» 列出明确的资源,以及你希望继续使用和发展的技能。

» 在此刻想要继续提高自己表现的方向上,还有什么人、事、物可能对你是有帮助的?

讨论"差"之处(如果还有足够的时间)

» 你的表现哪里较"差"?

» 从前述几个反思中,你发现了哪些自己已经拥有的资源、技能和特质?

» 哪些"差"的方面,如果能有所改善,会是重要的?

» 请记下你可以用来改善表现的资源。

小小行动

» 说出你希望在未来三个月内实现的目标。

» 为了能让你有所进步,请记下一些对你有用的小小行动或是值得你多加注意的事情。

» 你可能愿意在小卡片上写一些行动或提示信息,以帮助你在接下来的几个月去执行计划。(在会谈之前或会谈期间,有些人会把这些卡片放在公告栏上,或者把它们放进口袋里提醒自己)

360度反馈工具

如今,许多机构组织都在追求"360度反馈",也就是要去寻求各种利益相关者对员工绩效的意见,而不仅是向经理或公司征求意见。对于客户服务和医疗保健组织而言,360度反馈的方式已被证实是一种简单、有效的书面反馈工具。

表9.2　360度反馈表

1. 请利用下面的直线对你在过去一年中与……小姐(或先生)的关系进行评量,并在直线上做一个记号:

0　　　　　　　　　　　　　　　　　　　　　　　　10
(非常差)　　　　　　　　　　　　　　　(好得不能再好了)

2. 在接下来的一年里,如果有一个改变会使你的分数提高一分,那个改变会是什么?

_____
_____

3. 如果你愿意,请提供你的姓名或职称。

_____

谢谢你的帮助。
请将表格放入我们提供的回信信封中寄回。

这个表格(表9.2)很快就可以完成。如果一个表格中需要填写的项目过多,往往会让人难以对收集到的信息进行分析。而这一表格能收集很多信息,并且在需要时对收集的信息轻松地进行整理和分类。

将这个表格发给所有相关人员,可以收集到十分详尽的信息。然而，如果将这个表格发给选定的调查者样本，会让分析者从同一个员工或客户群体中重复抽样。如果有需要，可以修改这个表格，以让其更适合了解特定技能或任务内容的评定情况。大多数填写者都愿意提供他们的姓名或职称，这可以让分析者将反馈与特定团体或部门联系起来。将该表格以随机的方式发给不同的客户填写，会是一个好的方式。在完成特定活动之后，也可以按照同样的方式将表格发到相同的客户手上，以获得他们对这项特定活动的反馈。当然，也可以邀请新的、不同的对象提供他们的意见。

第 十 章

督导的练习活动

Supervision Exercises

督导(supervision),指治疗师请资深同行来训练自己或是雇主对于治疗工作的监督(也可以两者皆有)。为了获得建议与忠告,治疗师除了接受他人督导或自我督导之外,也常会参与同侪督导团体来帮助自己。一般而言,不管是治疗师的督导师或同侪督导伙伴,都应该采用与该治疗师相同的心理治疗模式和取向,但事实并非总是如此。本章提供的一些练习活动,可以为处理这一类情况提供一些帮助。

练习活动 10-1:督导的面向

活动目的
让学员对会在督导过程中遇到的议题进行反思。

活动细节

请学员两人一组进行练习,轮流使用下列问句采访对方:

» 如果我是你的新督导师,你怎么知道你从督导中得到了你想要的东西?而我又能怎样得知?

» 过去,你是如何顺利成功地使用督导的?

» 你最擅长什么?

» 对你来说,什么是最困难的?你又会怎样得知你正在向前迈进?

» 如果我对你告诉我的内容感到焦虑,你希望我能采取什么方式和行动来处理?

之后,两人对于这段督导对话与历程,相互进行反馈。

练习活动 10-2:自我评估

活动目的

让学员建立使用焦点解决方法的信心。

活动细节

请学员自行问答以下问句,并写下答案。

» 在 0 到 10 分的量尺上,0 分代表完全没有信心,10 分代表非常有信心,你目前对自己使用焦点解决方法有着多少信心?

» 如果有一天你的评分变高了 1 分,你在做的事情是什么?

» 你会如何实现"提高1分"的这个目标?

» 为了实现"提高1分"的目标,你需要做些什么?

» 你拥有什么特质和能力来帮助自己实现"提高1分"的目标?

一、焦点解决内部督导

时间的限制常是一个挑战。在时间允许的情况下,焦点解决思维可应用于快速回顾与反思大量的案例。

比如,在一个训练团体中,课程带领者可以请每名学员思考当前他们遇到的最困难的一个案例,然后请每名学员就自己与这位当事人最近的一次会谈以0到10分的量尺进行评量。10分代表会谈中一切顺利且当事人的进展迅速,0分则代表相反的情况。那么,他们会打几分?请每名学员大声说出自己的评量分数。之后,每个人向团体汇报,如果下一次会谈能在同一量尺上提高1分,会有什么不同,他们又会如何辨认出这些不同。需要注意的是,在团体的对话中要有关于案例的足够的信息,以便其他成员能够提出更多的想法。

如果时间允许,可以邀请学员针对"第二难"的个案重复这个过程。

练习活动 10-3:个人或团体督导简易版

活动目的

让学员在时间并不充裕的情况下进行团体或个人督导。

活动细节

无论是独自一人、与另一个人一起,还是在团体中,学员都可以按照以下提示进行督导：

» 想想你觉得最糟／最困难的一个案例。
» 用 0 到 10 分的量尺，为你与这位当事人的上一次会谈进行打分。
» 在下一次会谈中，当分数上升 1 分时，你会如何得知？
» 你可以在会谈中做些什么事情来让这一目标得以实现？

在合适的情况下，一旁的同事可以就这个案例提出疑问。学员可以针对不同案例重复这个过程。督导师可以记录下受督者为下次会谈所拟定的咨询计划。如果是在咖啡馆这类地方进行的督导，则要特别注意保密。

练习活动 10-4：在督导中使用评量问句

请学员就自己与某位当事人进行的最后一次会议，用以下问句来进行反思。

» 在 0 到 10 分的范围内，0 分代表这可能是你最差的工作表现，10 分代表这可能是你最好的工作表现，你会给这次工作打几分？
» 当你的分数提高 1 分时，你的做法会有什么不同？
» 被服务的当事人会如何得知你已经在更高 1 分的位置上工作？
» 你的督导师如何得知你已经在更高 1 分的位置上工作？
» 为了在下次工作时能真的提高 1 分，你会采取哪些不同的做法？

请学员列出一张清单，清单内容包括专业人员会做的事项，要能展现出专业人员工作的擅长之处。请学员就清单上的这些向度评量自己做这些事情的频率，频率包括："完全不做""有时做""大部分时间做""总是在做"。

请学员想想"有时做"的这些事情，接着思考：

» 你是什么时候做的？

» 当你这样做时，会发生什么？

» 你最后一次这样做是什么时候？你怎样才能做得更多？当你多做什么时，明天的你可能就会是"大多数时间做"或"总是在做"这些事情了？

二、焦点解决反思团队 *

焦点解决反思团队（Solution-Focused Reflecting Team）是通过各种不同的督导方法进行实验之后而产生的，其中包括"反思团队形式"（Reflecting Team Format）（Andersen，1991）。焦点解决反思团队分为几个阶段。第一阶段是"呈现案例"（presentation），请治疗师或客户简短说明个案，在此阶段，其他成员只需要倾听。第二阶段是"澄清"（clarifying），请在场的团队成员以一人一个问题的方式轮流询问提案者，以了解案例现在的情况，每个人都问完后才能开始第二轮。第三阶段是"肯定"（affirming），请团队中的每名成员通过提案者对现况的描述，发现提案者令人印象深刻之处并直接予以欣赏与肯定，被赞美的提案者则保持沉默。第四阶段是"反思"（reflecting），每名成员进行

---

* 哈里·诺曼（Harry Norman）和布里斯托尔解决团体。

反思并轮流提供对于现况或下一步或许可以尝试的行动方向的想法。除非在反思阶段中出现了明显的误解，真的需要提案的治疗师或客户进行简短地回应或澄清，其他情况下提案者都需保持沉默。最后是"总结"（closing）阶段，提案的治疗师或客户可以简要地说明或许可行的是什么或提出行动计划。团队人数对这一模式并没有特定的影响。每一个提案的问答过程通常需要 20 分钟。

焦点解决反思团队可以最大限度地利用时间，同时也避免了由一位督导师支配全程的可能。如果某一团队成员有多个案例想要讨论，更容易的方式是一个个来。不少人一开始会觉得焦点解决反思团队只是一种督导模式，但是，这个方法渐渐地被应用到实务工作中的其他领域（如团体会议），甚至已被作为教练、建构学习模式以及企业管理的重要工具之一。

练习活动 10-5：反思团队模式

活动目的

让学员练习如何在实务中使用反思团队模式。

活动细节

请学员三到五人一组，也可以两人一组。每一次提案都要重新选择一位主持人。提案的治疗师简要回顾一下案例或现况，接着，其他小组成员进行前述的各项步骤。之后，再轮换下一位治疗师。

三、工作坊评量

以下为两种不同的反馈评量表。

工作坊反馈评量表一:"快乐清单"*

感谢您参与本课。

欢迎您提出意见,您的意见将有助于提升未来的工作坊和课程的成效。

1. 请对本课程进行整体评分,并在下面的刻度上圈选一个数字来表示(6 表示"课程有足够的专业度",7 表示"课程专业度很好")。

   1   2   3   4   5   6   7   8   9   10

2. 发生什么,会让您的评分提高 1 分?

   _____
   _____

3. 请说明您认为本课程中最有帮助的地方是:

   _____
   _____

4. 请说明您最不喜欢本课程的地方是:

   _____
   _____

5. 您希望还可以有什么样的后续活动?

   _____
   _____

谢谢您的帮助。

---

* 罗伯特・卡明。

工作坊反馈评量表二：焦点解决咨询人员培训 *

请圈出各选项上方最能代表您观点的数字。

1. 这次焦点解决工作坊给您的工作满意度带来了影响吗？

4	3	2	1
非常显著	一定程度	有一些	很少或没有

2. 这次焦点解决工作坊对您在给予当事人或病人关于其优势与资源的赞美的频率方面，带来了什么变化吗？

4	3	2	1
非常显著	一定程度	有一些	很少或没有

3. 您发现，强调优势与正面资源，能够带给当事人赋能的程度如何？

4	3	2	1
非常显著	一定程度	有一些	很少或没有

4. 焦点解决模式对您的思维与实践的影响程度如何？

4	3	2	1
非常显著	一定程度	有一些	很少或没有

5. 您觉得工作坊中小组练习技术（角色扮演）的时间量如何？

4	3	2	1
太多	刚好	不足	没必要或没帮助

6. 在促进您应对多元的当事人/病人问题的知识与技能的发展方面，您觉得这个工作坊的贡献程度如何？

4	3	2	1
低于一般水平	平均水平	高于平均水平	超常水平

7. 在这个工作坊中，您觉得最有帮助的是什么？

   _____

8. 对于改进这个工作坊，您的建议是：

   _____

9. 这次工作坊对于您与当事人或其他人的互动有什么影响（请描述）？

   _____

---

* 罗纳德·沃纳（Ronald Warner）。

第十一章

建立复原力的练习活动

Exercises for Building Resilience

近年来,在心理治疗和其他领域中,"复原力"(resilience)的概念变得引人注目。世界各地的冲突不仅给军人们带来了痛苦与损失,许多平民百姓也深受其害,许多儿童和家庭都遭受了无法忍受的苦难和迫害。还好,事实证明,帮助人们提高对痛苦的抵抗能力,让他们能在情感上走出痛苦并继续前行,是有可能的。本章的一些练习活动能帮助当事人提升复原力。

一、两个放松的练习活动

练习活动 11-1:奇迹放松

本活动由卡伦·贝尔(Karen Bell)和休·费尔(Sue Fell)设计。

活动目的

让学员熟悉"奇迹放松"(miracle relaxation)技术,并发挥其有效性。无论是对于个人当事人还是团体,这个技术都适用。

活动细节

请学员放松地坐下来或舒服地躺着,然后课程带领者缓慢地、平和地给予以下引导语:

现在,无论你是坐着或躺着,都让自己舒服一点,让自己感到背部是被支撑着的。如果闭上眼睛可以帮助你集中注意力,那么你可以闭上眼睛。

把注意力集中在你的呼吸上。让呼吸保持缓慢、均匀和舒适……慢慢的,均匀的,舒适的。用你的感官来帮助你。听听自己的呼吸声。

想一想你最喜欢的颜色。然后,想象一下,你的呼吸就是这个你最喜欢的颜色。当你吸气时,将这种新的能量吸入。当你呼气时,你会把压力从身体里释放出来。

你能感觉到,你的鼻子正在呼吸。每次呼吸,你都能感觉你的肋骨在动。尽量让自己保持舒适、缓慢而平稳。

让自己保持平静,让身体感觉是被支撑着的。慢慢地将呼吸的速度放慢,当你放慢呼吸时,检查一下身体有没有任何的紧张感。

感受一下你的头,它舒服吗?你的头是靠着的、有支撑的吗?你想让它向前倾一些吗?

感受一下你的眼睛。如果眼睛已经睁开了,请再次轻轻闭上它们。

感受一下你的额头,松开眉头。感受一下你的脸庞,松开任何的紧绷。想象一下你脸上的纹路和你紧皱的眉头,在你呼气时,慢慢地舒展开来。

感受一下你耳朵到肩膀之间的空间,感受一下你的脖子有没有紧绷的地方。让你的肩膀轻轻地放松下来,休息一下,让自己感受耳朵到肩膀之间空间扩张。运用你的呼吸来释放任何紧绷的感觉。保持缓慢呼吸，甚至……当肩膀放松时，感受一下那种松弛下来、沉淀下来的感觉。

把这种松弛、沉淀的感觉，向下延伸到你的手臂、肘部、手腕和手掌上。发现手有任何的紧绷时，尽可能地摊开你的手指，再非常缓慢地、轻轻地让它们放松下来。当手指放松时，感受一下紧绷与放松之间的区别。

如果你的注意力分散了，让你的注意力重新回到你的呼吸上，保持缓慢、均匀的呼吸。

确认你的身体的状态已经有所改变。你的呼吸是缓慢而均匀的，甚至，你感觉自己好像在漂浮一样。将这种沉淀、松弛的感觉，继续延伸到脊椎和胸部，通过臀部和膝盖，一直延伸到脚踝和脚，让这些部位都尽量舒服地舒展、放松。

确认自己感受到有力量在支撑着身体，你是放松的。请继续吸入新的能量。每次呼气时，都继续释放出身体内的紧绷感。

现在……想象一下，时光飞逝，此刻，已是一年之后。你所有的问题都解决了，一切都变好了。也许，你已经搬到了另一个地方……也许有一个新的人走进了你的生活……或者你正在做一份新的工作……也有可能你仍留在原来的地方。但是，此时此刻的你，是很幸福的。

现在的你，觉得轻松愉快，可以更轻松地应对生活。那么，你是怎么知道这些变化发生了的呢？……现在，有哪些事情已经出现了好转？

你感到满足，没有紧张的感觉。在脑海中，想一想，你是如何迈出让这些改变发生的小步子的呢？……

此刻的你，在哪里？在现在的家里吗？是新的地方吗？它看起来是什么样子的？这里让你感觉如何？你正在做什么？也许你正在享受你以前喜欢做的事情，或者有一些新的工作或兴趣让你的生活变得更加丰富。你在这里感到安全、温暖和放松。这是一个让你感到舒适的地方。

有人和你在一起吗？可能是你已经认识很久的人，或许是新走进你生命的人。他们是否注意到了你的变化？他们会说你有了哪些不同？

觉察你此时此刻的感受。你的身体没有任何紧绷，你感觉自己是完全放松的。你能感受到快乐，能享受生活。花些时间体会一下你现在的感受……（短暂地停顿）

你运用自己的优势帮助自己达到了目前的状态。你为自己的成就感到自豪。你做得很好……

现在，慢慢地注意一下你所在的环境，回到目前所在的地方，听听周围的声音。慢慢地回到这里，慢慢地回到当下。……当你准备好，你可以睁开眼睛，结束这个放松活动。

练习活动11-2：基本正念呼吸

本活动由希瑟·菲斯克设计。

活动目的
当人们为焦虑所困或进入紧张状态时，这个练习活动会非常有用。

活动细节
请当事人平缓地呼吸。在呼气与吸气的过程中，在心中默默地对自己说话。

吸气（在心中慢慢数到7），同时在心中对自己说：

吸气，我吸入的是……（今天需要的东西，可能是平静、勇气、温暖、自信）

呼气（在心中慢慢数到11），同时在心中对自己说：

呼气，我呼出的是……（今天需要摆脱的东西，可能是恐惧、疲劳、痛苦、紧张）

二、三个问句 *

"重复"有助于学习新的东西。以下这些练习可以鼓励当事人思考、表达、倾听他人的回答、采取行动以及观察结果。最后，请当事人再向治疗师重新说一次自己在这个过程中的收获。这样，当事人就可以多次复习这些知识。

治疗师可以对当事人说：

如果你所做的事情是你认同的，而且你能从中获得满足感，那么，你将能创造属于你的幸福。为什么不在每天晚上花五分钟的时间，或者每当自己愿意的时候，想一想，反思一下，你今天如何为自己及身边的人创造了幸福呢？你甚至可以写一些关于你自己的"幸福之旅"日记。

---

* 吕克·伊瑟巴尔特。

练习活动 11-3：三个问句，找到个人走出沮丧或创造幸福的独特之道

活动目的
让学员学习帮助当事人改善情绪低落并让他们建立信心。

活动细节
请当事人每天花几分钟的时间来回答以下三个问句，并重复五到十次：

» 在过去的一小时里我做了什么，可能是不太糟糕或还可以的？

» 有没有一个人做了一件事情是让我觉得感谢的，甚至，我对此感到开心？我的反应可能会让这个人愿意再做一次类似的事情吗？

» 我有看到、听到、感觉到、闻到、品尝到任何可能让自己感到有一丝丝开心或感恩的东西吗？

感到难过时的三个应对小秘诀

第一，想一想你今天做的三件让自己感觉良好的事情。
第二，想一想别人今天做的让你心存感激的事情。
第三，品尝、嗅闻、感觉、倾听或看看一些你喜欢的东西。

这些方法是很好的练习，使用者甚至都不需要了解焦点解决工作模式。可以让学员两人一组分享各自的想法，或是向整个团体汇报自己的发现。

三、与儿童当事人工作的练习活动

练习活动 11-4：治疗中给儿童玩的游戏

活动目的

让学员试着开发一些游戏，作为与儿童工作时的治疗工具。

活动细节

请学员针对一名正在一起工作的有身心障碍的儿童，想一想：

» 这个孩子喜欢玩什么游戏？
» 我要怎么使用这些游戏，才能让这个孩子更加充分地参与关于他的健康与幸福的决策中来？

如果一个孩子喜欢船，治疗师则可以询问："如果你是这艘船的船长，你会要求船员做些什么来帮助你？"

练习活动 11-5：评估自己和当事人

活动目的

让学员练习评估自己以及儿童、青少年当事人的应对技能。

活动细节

请学员在与儿童、青少年当事人尝试这个活动之前，先亲自体验一下。下次，当在家或在工作中遇到困难时，可以问自己以下问句：

» 以前，当我遇到类似情况时，我是如何应对的？
» 我有什么比较好的应对困境的经验？
» 在这些比较好的应对困境的经验中，有些什么不同和差别？
» 我是做了哪些不同的事情？
» 我是如何做到的（列举三个方法）？
» 还发生了什么？
» 当事情开始好转的时候，谁会先注意到？
» 还有谁会注意到？
» 在事情开始好转的时候，他们注意到的是什么？
» 还有呢？
» 他们如何知道你正在用这种新的方式在处理事情？
» 你要怎样才可以多做这些事情？
» 还有呢？（多问"还有呢？"，因为总会有更多新的发现）

要让自己变得更有复原力，并不需要拥有上述的所有技能，你还可以：

» 从对上面问句的回答中，选出一项你最擅长的技能。
» 思考如何能更多地使用它。
» 当你能更多地使用这个技能时，你会做些什么不同的事情？

» 其他人对你的看法又会有什么不同?

四、测量复原力

练习活动 11-6：测量复原力

活动目的
让学员评估自己的复原力。

活动细节
你的复原力如何？请先查看下面的复原力技能列表，再试着回答这个问题。

幽默感。凯伦·雷维奇（Karen Reivich）与安德鲁·沙特（Andrew Shatte）（2003）认为幽默感是相当重要的技能，不过，它无法通过学习来获得，而其他复原力技能都是可以被培养出来的。

情绪觉察。能够识别自己此时此刻的感受以及在需要时控制自己情绪的能力。如果以焦点解决的语言来说明这个能力则是：虽然无法控制自己会有什么感受，但可以帮助自己在产生一些感受时，对自己的行为负责。

冲动控制。一种容忍模糊、不确定性的能力，可以让人先仔细观察事物，而不是仓促做出决定。

现实的乐观。它不只是指简单地看向"光明的一面"，而是指能以乐观的心态来看待负面经验，比如"挫折只是暂时的"。

拥有**从多角度看待问题的能力**。

解读和理解情绪的能力。这是一种可以提供社会支持的社交能力。复原力强的成年人并不总是孤军奋战的,他们知道自己什么时候需要寻求帮助,以及该到哪里寻求帮助。

自我效能。对自己解决问题的能力有信心,知道自己的优缺点。它与自尊的概念不同,自尊与自我价值的判断有关,而自我效能是依赖于个人优点来解决问题。

主动出击,对承担适当的风险有所准备。这是复原力的另一特征。它意味着愿意尝试并将失败视为生活的一部分。

五、替代性复原力

最近,积极心理学领域一直在讨论替代性复原力(vicarious resilience)。替代性复原力是一个假设,即处于压力情境中的工作人员,能够通过发现和强调当事人身上令人欣赏的技能和优势,来帮助自己。尽管大家对此的称呼各不相同,但多年来,医生及社会工作者在应对处于压力情境中的家庭和儿童时,已对这一技术有所运用。近来,心理学家开始从行为科学的研究转向为陷入困境的当事人提供支援的实践,让替代性复原力受到更多的关注。

多年来,叙事治疗师一直在使用一种技术,即要求当事人确定出一位心中的英雄(真实或想象的),并给他们的英雄写信,在信中描述自己的处境并征求这位英雄的意见。在当事人给英雄写信时,叙事治疗师常会帮助他们思考与厘清他们所需要的帮助是什么。当然,这些信件基本很少能收到回复,因为英雄都是很忙的。然而,构思信件的内容并想象可能会收到的回复,会给多数当事人带来帮助。

六、眼动脱敏与再加工疗法 *

在讨论眼动脱敏与再加工疗法时，我们常使用"EMDR"这个缩写。这项技术是由心理学家弗朗辛·夏皮罗（Francine Shapiro）发明的。它帮助数以千计的人减轻了闪回（flashbacks）、痛苦记忆和反复经历恐惧的症状。EMDR 利用眼球运动来帮助当事人在专注于痛苦记忆的同时，刺激大脑的信息处理区域。在许多案例中，EMDR 能有效地减少，甚至消除当事人的痛苦记忆。

练习活动 11-7：简易版 EMDR

活动目的
让学员体验简易版 EMDR。

活动细节
请学员两人一组，一人扮演治疗师，一人扮演当事人，选用一些程度较轻的痛苦记忆来体验这项技术。在体验这项技术时，记得让扮演当事人的学员用自己的手来做动作，而不是借助扮演治疗师的学员的手。

» 独自坐着或坐在治疗师面前，让自己舒适地坐着。

» 开始回想一段有些不愉快的记忆，接着，给这段记忆的情绪负面程度进行打分（以 0 到 10 分的量尺来进行评量，0 分表示无负面情绪，10 分表示程度高）。

---

* 约翰·亨登。

» 迅速让眼睛从一侧看向另一侧,同时专注在这段记忆上。

» 用自己的一根手指或一个物体,从眼睛的一侧摆动到另一侧,将高度保持在眼睛看得到的位置,让眼睛跟随着手指或物体摆动。频率为每秒两次,持续一分钟。快结束时,请专注在记忆中最糟糕的部分。

» 让眼球继续跟着手指摆动。与此同时,深呼吸,停止焦虑并且停止关注这段记忆。

» 休息几分钟之后,再练习两到三次。然后,再次评量这段不愉快的记忆的情绪负面程度(以 0 到 10 分的量尺来进行评量,0 分表示无负面情绪,10 分表示程度高),通常这时分数会降低。

有时,一次 EMDR 会谈就能解决当事人的问题。而有些当事人则需要进行几次会谈,或者需要在没有治疗师在场的情况下,多次重复这个练习。

七、舒适暗示

对于令人痛苦的回忆,舒适暗示(comfort cues)可以作为压力之下的精神庇护所,也可以作为放松、睡眠诱导的工具。

练习活动 11-8:5—4—3—2—1

本活动由伊冯娜·多兰设计,参见约翰·亨登。

活动目的

这是一个能够让当事人平静下来的练习活动。该活动可以和正念或冥想相结合。需要时，可以重复进行练习。

活动细节

请你先舒服地坐下或躺下。
睁开你的眼睛，注意一下你可以看到的五样东西。
闭上眼睛，留意你能听到的五样东西。
闭上眼睛，注意一下你身体可以感受到的五样东西（如椅子、衣服）。

睁开眼睛，注意一下你可以看到的四样东西。
闭上眼睛，留意你可以听到的四样东西。
闭上眼睛，注意一下你能感受到的四样东西。

睁开眼睛，注意一下你可以看到的三样东西。
闭上眼睛，留意你能听到的三样东西。
闭上眼睛，注意一下你能感受到的三样东西。

睁开眼睛，注意一下你可以看到的两样东西。
闭上眼睛，留意你能听到的两样东西。
闭上眼睛，注意一下你能感受到的两样东西。

睁开眼睛，注意一下你可以看到的一样东西。
闭上眼睛，留意你能听到的一样东西。
闭上眼睛，注意一下你能感受到的一样东西。

练习 11-9：安全、美丽的地方

本活动由伊冯娜·多兰设计。

活动目的

该活动可以用来帮助当事人在脑海中生成一幅低焦虑图像（a low-anxiety image）。

活动细节

练习时，可以请当事人在脑海中想象或回忆，或请当事人拿出一张让自己觉得充满爱的地方的照片，作为触发工具。

引导者先用"美丽的"一词引导当事人进行想象，之后，再加上"安全的"一词，如此，逐步引导当事人构建出一个令其感到安心的画面。

舒服地坐下或躺下。想一想你去过的一个最美丽的地方，或者，一个你很想去的美丽的地方。

闭上眼睛，找出在这个安全、美丽的地方你可以看到的三样东西。

闭上眼睛，找出在这个安全、美丽的地方你可以听到的三样东西（例如海浪声、鸟鸣）。

闭上眼睛，注意一下在这个安全、美丽的地方你能感受到的三样东西。

继续闭上眼睛，找出在这个安全、美丽的地方你可以看到的两样东西。

找出在这个地方你可以听到的两样东西。

注意一下在这个地方你能感受到的两样东西（例如阳光、沙滩）。

继续闭上眼睛,找出在这个安全、美丽的地方你可以看到的一样东西。

找出在这个地方你可以听到的一样东西。

注意一下在这个地方你能感受到的一样东西。

保持双眼紧闭,在这个安全、美丽的地方,重温所有的感受。

每当你倍感压力时,重复这个活动,让自己回到这个安全、放松的地方。许多人会找一张明信片或一个小纪念品,方便自己随身携带,以便在需要的时候帮助自己唤醒记忆。

练习活动 11-10:五指练习

本活动由米尔顿·埃里克森设计。

这是一个很有效的放松活动。这项活动由催眠治疗师米尔顿·埃里克森博士(也可能是他的夫人)所设计。据说,这个活动可以将练习者带入一种恍惚的状态。

在椅子上舒服地坐着,将双手放在膝盖上,闭上眼睛。

用你的拇指触摸你的食指。当你这样做的时候,想象自己刚结束一项振奋人心的体育活动,感觉到身体很健康,但因为运动倍感疲惫,如刚打完网球或刚结束慢跑。

现在,用拇指触摸中指。当你这样做的时候,想象自己重新置身于过去的一段充满爱意的回忆中。可能是温暖的拥抱,可能是亲密的谈话,也可能是美好的性经历。

现在,用拇指触摸无名指。当你这样做的时候,想象自己回到了听到人生中最棒的赞美的那个时刻。现在，尝试打心底接受这个赞美。接受它，向赞美你的人展现崇高的敬意。你是真的在向他们致意着。

用拇指触摸你的小指。当你这样做的时候，想象自己回到了去过的最美丽的地方。现在，在那里待一会儿。

现在，张开你的双手……睁开眼睛……然后回到这个房间。

五指运动只需要不到十分钟的时间，但是却能让人更有活力，内心更加平静，自尊心得到提升。这个活动可以在任何你感到紧张的时候进行。经过四到五次的练习后，单一手指的运动就足以触发放松状态。在一些压力情境中，五指运动可以用不显眼的方式进行。

八、闪耀时刻

这是由英国的 BRIEF 机构所开发的练习活动。该活动基于叙事治疗法。

练习活动 11-11：闪耀时刻

活动目的

让学员发展属于自己的闪耀时刻（sparkling moments）。

活动细节

请学员回想一下，自己曾经处于最佳状态并感觉到自己"闪闪发光"的某个时刻，然后简要描述一下：

- » 让这一时刻脱颖而出的具体原因是什么?
- » 你记得在这一时刻,自己的哪些特质是让自己感到最为开心的?
- » 还有什么是你开心地发现了的?还有呢?还有呢?
- » 如果这些特质给你的生活带来了更大的影响,谁会是第一个注意到的?
- » 他们会看到什么?
- » 这又会带来什么不同?

练习活动 11-12:建立美好回忆

本活动由萨拉·斯特劳德(Sarah Stroud)设计。

活动目的

让学员用另一种方式来建立美好回忆或舒适暗示。

活动细节

请学员回想一下曾品尝的最好的一餐,然后开始思考:

- » 你吃了什么?
- » 哪一道菜的味道最好?
- » 你在哪个地方吃的?
- » 当时谁和你在一起?
- » 你穿的是什么衣服?
- » 天气怎么样?

- » 与这段记忆相关的音乐是什么？
- » 这顿美餐之后还发生了什么？
- » 是什么让这段记忆变得这么美好？
- » 与此相比，还有哪些其他美好的用餐经历会是你最喜欢的回忆？

九、给焦点解决实务工作者的最后叮咛

即使是满腔热血的人，在面临频繁的组织变革、即将到来的裁员、更多来自政府部门的指令、令人倍感压力的会议时，也会受到不良的影响。因此，焦点解决实务工作者要能察觉自己的优势和资源，以便保持复原力。最后进行的练习活动，可以帮助你开始察觉自己的优势和资源。

练习活动 11-13：确认自信

本活动由朱迪思·米尔纳设计。

活动目的
帮助学员建立或提升在专业工作中的自信心。

活动细节
请学员进行以下思考：

- » 列出专业工作者所做事务的清单，清单的内容要能反映这个人是胜任这份工作的。

» 关于清单上列出的事务，你做的频率是怎样的？是根本不做、有时候做、大多数时候做，还是总是做？

» 想想你"有时候"会做的事情。

» 你是什么时候做的？

» 当你这样做的时候，会发生什么？

» 你最后一次这样做是什么时候？

» 你可以怎样更多地做这样的事情，能让自己明天变成"大多数时候"都在做这样的事情？

十、总结：短期治疗的下一步新发展

询问有用的问句

询问有用的问句（questioning for useful questions，简称"Ququ"），也可以看作是由当事人引导的对话（conversations led by client，简称"CoLeC"）（Panayotov & Strahilov, 2019）。这是焦点解决取向的自助版本。这一版本假定当事人有自己的想法，只要治疗师提出以下这类合适的问句，就能听到当事人的想法。

激活思维问句（Mind-Activating Question，简称"MAQ"）

» 你认为，现在（或在我们的下一次会谈中）能从我这里听到的最有用的问句是什么？

» 当事人回答后，治疗师接着向当事人提出这一个问句。

时间导向问句（Time-Oriented Question，简称"TOQ"）

» 此刻，我们讨论什么是最有用的？是过去、现在还是未来？

多重选择问句（Multiple-Choice Question，简称"MuQ"）

» 这些问句中哪一个最适合你？
» 请当事人从治疗师所提供的问句清单中挑出一个，接着，治疗师向当事人询问这个问句。

延迟答案问句（Delayed-Answers Question，简称"DAQ"）

» 如果当事人对一个特定的问句没有任何回答，请他们在下一次会谈前继续思考这个问题。
» 接着询问："我们什么时候进行下一次会谈？"

在会谈开始时可以使用的两个替代性问句

» 关于让你前来接受治疗的议题，你会问自己哪些问句？
» 你觉得问了自己哪一个问句之后，可以帮助自己在未来避免这种情况的发生？

如果当事人问"为什么"，请治疗师尝试用以下的方法来回应：

» 问题常是先发生，然后变成一种习惯。
» 因为你们彼此相爱。
» 因为你是一个活生生的人。

» 因为你有强大的能量。

» 因为你是这么说的。

例如，如果当事人问"我为什么睡不好?"，治疗师可以回应"常常睡不好这件事就这样发生了，之后，就会慢慢变成一种习惯"或者"这代表你有着强大的能量"。这种方式会激发当事人开始主动思考，而不是一直局限于治疗师的知识。这是一种中立的回应，但其中也含有赞美当事人的成分。

如果当事人问的是"我们该怎么做呢?"，治疗师则可以写下一到五个书面任务，再由当事人自行选择。接着，治疗师可以对当事人说："如果你愿意让这个机构的工作人员在六个月后询问你的相关情况（包含任务或进展），请写下你的电话号码。"询问的事项如下：

» 你的情况现在怎么样?

» 我们的会谈对你有用吗?

这一模式现已得到扩展应用，包括"青少年成功步骤日记"（Steps to Success Diary）。"青少年成功步骤日记"是一本印有问句清单的小册子，每一个问句后留有位置，供青少年自己写下回答。

另一个短期治疗模式：终极自助者

以下问句清单是一位当事人在第一次会谈后设计出来的。当你发现自己陷入困境，觉得需要做一些改变时，可以找一个干净、安静、舒适的地方，坐在桌旁，取出这张清单和一支笔，阅读清单，进行思考并写下自己的回答。

日期：_____　　上午 / 下午　　时间：_____

1. 你认为，现在问自己什么问句是最有用的？
留出足够的时间来思考这个问句，然后在下方写下你认为对你最有用的问句。

_____
_____
_____

2. 留出足够的时间来回答这个问句，然后在下方写下你想到的回答。

_____
_____
_____

请根据上述回答开始采取行动。

如有必要，请重复相同的步骤。

所有问题都可以用这样简单、有效的方式进行有效的处理。祝你好运！

附 录

焦点解决短期治疗迄今为止的故事*

阿拉斯代尔·麦克唐纳

1995年,我成为欧洲短期治疗协会理事会的成员。这一职位给我带来了许多令人兴奋、印象深刻的经历。从1994年到2012年间,我每年都会参加欧洲短期治疗协会的年度研讨会。在那里,我遇到了许多国际知名的实务工作者。协会的理事会自1997年开始召开各种额外的单独会议,我持续参加到2013年。在我担任协会理事的这段时间里,我们设计了多个研究项目,尽管这些项目不见得都能获得足够的支持去推进。在史蒂夫·德·沙泽尔的建议下,我们每年都会为个别研究人员提供一些经费上的资助。此外,应欧洲短期治疗协会理事会的要求,我负责维护已发表的焦点解决短期治疗相关研究成果的记录,一直到2017年。

身为欧洲短期治疗协会会员的一个好处是,我有机会到世界各地参加许多不同国家举办的研讨会。我发现,发达国家的精神科医生很少采用焦点解决思维,也许是因为他们对"谈话治疗"有着某些普遍的

---

* 本文是麦克唐纳博士在2018年欧洲短期治疗协会在保加利亚的索非亚举办的年度研讨会上的演讲稿。

偏见。而且，即使我们向同行展示焦点解决取向的具体技术，也常难以使他们相信，焦点解决短期治疗之所以有效，是因为焦点解决取向这个模式本身，而非治疗师。对实务工作者来说，某些国家的财政激励措施让他们认为，采用短期治疗意味着更低的收入。据我所知，美国医疗保险公司只会支付药物治疗的费用。而如比利时、西班牙和斯堪的纳维亚等拥有完善社会保障体系的国家，则一直渴望在整合性医疗保健方法中采用焦点解决短期治疗。

相较之下，焦点解决观点在教练和管理等咨询顾问领域的传播却相当迅速且为人所信服。"机构中的解决之道"（Solutions in Organisations）这一组织现在可能比欧洲短期治疗协会拥有更多会员。该组织出版了一本优秀的纸质期刊《互动》（InterAction）。如今，该组织也在"焦点解决组织"（the Solution Focus in Organisations，简称"SFIO"）网站上发布了线上版本。目前，焦点解决教练、领导和机构重组（reorganisation），都已被扩展应用到工业、教育和政治等许多相关领域中。其在家庭和法律程序的调解中的运用结果也证明，焦点解决取向是很有价值的。现在，许多焦点解决工作人员对这个领域特别感兴趣。在这一方面，弗雷德里克·班宁克的工作就是一个可以参考的模板。她在当地以及非洲无国界医生*组织里教授调解方法（Bannink, 2010）。

焦点解决实务的兴起深受美国精神病学家和催眠治疗师米尔顿·埃里克森博士的影响。然而，在20世纪80年代的密尔沃基、MRI和其他研究中心的文献中，几乎没有特别提及艾瑞克森博士的观点（Watzlawick et al., 1974）。位于比利时布鲁日的科日布斯基研究所（the Korzybski Institute）是欧洲引领焦点解决短期治疗发展的主要组织之一，该研究所的创始人卢克·艾斯贝厄特博士是艾瑞克森取向

---

* 无国界医生，Médecins sans frontières，独立从事人道救援的国际非政府组织。该组织在1999年获得诺贝尔和平奖。

的爱好者。他后来成为史蒂夫和茵素的密友，这进一步推进了大西洋两岸的焦点解决短期治疗的发展。除了密尔沃基的提问风格之外，科日布斯基研究所还开发了关于处理局限性与问题的方法，使得那些有不可逆转的身体或精神障碍的人能够拥有缓慢的进步与微小的变化。此外，该研究所还支持安东·斯特拉曼斯和莱瑟洛特·贝亚特（Liselotte Baeijaert）在国际政治争端中，特别是在非洲，使用焦点解决的观点（Isebaert, 2017）。

一、焦点解决短期治疗目前的各种版本

在伦敦，一些才华横溢的实务工作者和培训师组建了 BRIEF。这个机构的成立对焦点解决短期治疗在教育与心理治疗领域的发展发挥了持久的影响力。BRIEF 的培训师在世界各地教授焦点解决短期治疗，也对密尔沃基时期提出的焦点解决模型进行一些基本概念的修订，对当前焦点解决实务工作者和研究者的思考发挥了很大的引领作用。例如，众所周知的奇迹问句（由一位当事人在与茵素会谈时发明）已经被 BRIEF 和来自瑞典马尔默的哈里·科曼提出的一个新问句所取代："你对本次会谈的最大期望是什么？"以类似的方式，BRIEF 还简化了焦点解决会谈中提问的流程，使其技术性降低，也使得会谈能平缓地从一个有用的主题转移到另一个有用的主题。为了提高年轻人的接受度，他们还将焦点解决取向改以"生活教练"模式（不是心理治疗模式）。英国教育部也已委托 BRIEF 制作相关文件资料，来指导学校中的教师与职员。

BRIEF 的焦点解决短期治疗版本基于这样的假设：每位当事人，包括那些被强制来谈的当事人，对于前来会谈都有着一个好的理由（如他们所期望的结果）。因此，这个版本的架构可以用三个问句来说明：

问句一：对于我们一起工作，你的最大期望是什么？

一些文献里把这个问句所得到的回答叫作"协议"（contract）；杰克逊和麦克高（2002）称之为"纲领"（platform）；科曼（2004）称之为"共识方案"（common project）。

问句二：你会如何知道这些期望正在逐步地被实现？（**当事人偏好的未来**）

问句三：你已经做了什么事情，或者，一直在做哪些事情，是可能有助于你实现你的期望的？（**所谓的"例外"，正是当事人想要的未来的"历史"**）

这些问句有很多版本，但它们的共同之处是关注当事人表达时的"描述"，且只专注于描述本身。这些描述包含对期望的咨询结果更广泛的说明、在回答奇迹问句或明日问句时更具体的说明，以及对过去和现在存在的相关例外的说明（通常会以评量问句来进行总结）（Iveson & McKergow, 2016）。媒体行业或医疗保健领域的工作者已经注意到评量问句能够被广泛应用，包括衡量疼痛以及相关成果的质量与满意度等。

伦敦的 BRIEF 常有很多有趣的想法。最近，美国的艾略特·康尼（Elliott Connie），一位在焦点解决领域影响力逐步提升的培训师加入了他们。

艾夫森与麦克高（2016）发展出了一个心理治疗的模型。这个模型将会谈历程比喻为展览上的画廊：你（当事人）通过售票处进入；然后可以前往"偏好未来"的展区，或者前往"已经发生的实例库"（例外）的展区，其中还可能包括"评量"；最后，再去"礼品店"挑选，你希望自己在会谈里,从个人的经验和想法中,带走什么样的礼物。

在与我的私人通信中,乔治(2016)针对如何结束会谈提出了不同的方式。他认为可以使用评量问句来询问当事人,如询问当事人对于能够产生变化的信心程度,对于维持已有进展的信心程度,或对于能够继续保持进展并达到"够好"状况的信心程度。

盖伊·申南(Guy Shennan)是 BRIEF 的前任委员。他设计了一套新的问句序列(Shennan, 2014)。该问句序列为:喜欢或擅长的事情;建立协议;想要的未来;已经发生的实例("闪耀时刻");评量;应对技能。

BRIEF 的其他工作人员(Ratner & Yusuf, 2015)也提出了另一套问句序列。开场:谈论资源(非必要);协议:对会谈或工作的最大期望;描述偏好的未来:奇迹问句或明日问句;已经发生的成功;下一步的小步骤:评量;结束:是否需要总结,或仅需要安排下一次会面。

在最新一期的《焦点解决短期治疗期刊》(Journal of Solution-Focused Brief Therapy)中,麦克高(2017)说明了他认为当前焦点解决实务工作所共同拥有的新特征(表 12.1)。

表 12.1

焦点解决短期治疗 1.0	焦点解决短期治疗 2.0
·保持在当事人想要的目标上	
·聚焦当事人想要的	·聚焦当事人想要的
·对当事人所说的内容全然接受	·对当事人所说的内容全然接受
·奇迹问句与评量	·奇迹问句与评量
·专注于明确、具体、可观察的细节描述	·专注于明确、具体、可观察的细节描述
·应对问句(如果合适或需要)	·应对问句(如果合适或需要)
·"哪里好转了?",并持续跟进	·"哪里好转了?",并持续跟进
·寻找差异	
·聚焦提出的问句	·聚焦会谈室内的对话
·可以产生任务相关信息的问句	·可以让当事人开展描述的问句

续表

焦点解决短期治疗 1.0	焦点解决短期治疗 2.0
·进行"无问题"谈话	·直接讨论"最大期望"
·目标（最好是较小的目标）	·最大期望及其给所有相关的人、事、物所带来的影响
·问题的例外	·具体实例（与最大期望、想要的未来相关）
·会谈结束时的赞美	·不在会谈结束时给予赞美，而是在会谈过程中时不时给予总结性赞美
·暂停及会谈结束时的信息	·在当事人需要或者希望时，提供另一次会谈的机会

如果要为麦克高的这份清单做一个注解，我会说：在我个人的工作中，我不会在会谈的早期给予赞美，因为有一些当事人是很沮丧的，可能会认为治疗师的赞美是低估了他们的困难的表现。而且我发现人们可以接受的赞美数量因国家而异。英国的当事人最多能接受三个赞美，德国和澳大利亚的当事人一个赞美足矣，而美国的当事人可以接受许多个赞美。

美国的乔治·格林伯格率先为有长期心理健康问题的当事人创立了焦点解决团体。他专注于目标："你想要达成什么？"接着，进行评量，借助团体的建议以及多次询问"自上次参加之后，你完成了哪些事情？"来发展出下一行动步骤。他强调团体带领者在保证团体活动和讨论质量上的重要作用。根据他的经验，当事人会不断进出团体或错过团体会面，这些情况不会给团体带来任何问题，也不会影响当事人实现自己的最终目标。这种对待团体的方式在支持性工作中和日间看护中心都相当有用。

另一位对整个焦点解决短期治疗领域都产生了巨大影响的人是美国芝加哥的伊冯娜·多兰。她从接受埃里克森取向的训练开始，一直致力于发表和教授许多使用焦点解决思维的新方法。她专门帮助遭受过性虐待和类似创伤的成年幸存者。她的方法对于这些陷入困境的当事人来说非常有价值。例如，为糟糕的一天准备"雨天信"，或者以"读、写、烧"信件的方式来与过去的施虐者进行想象的对话（Dolan，1998）。

茵素·金·伯格在美国佛罗里达州的一位同事找到她，设计了一个工作模型来帮助处于困难情境中的校园儿童。她发展出了"WOWW"的概念，内容包括：先请一名教练在课堂上观看学生的行为，然后向学生反馈他观察到的学生们的成功之处和技能所在。如果有可能，所有学生的表现都应该被提及。接着，整个班级对于成功进行1到10分的评量。之后，由教练或班级老师定期重复这个过程。在美国、荷兰和其他国家，WOWW都被证实是非常有效的（Shilts，2008）。

我认为，在教授焦点解决短期治疗时的一个关键内容是：学习如何尽可能地使用当事人的语言。这个概念是从MRI策略学派治疗发展出来的，在其他领域也有广泛应用。这一原则可以简要概括如下：对话的一方于每次的提问与回应中，尽可能包含对话另一方使用的一个、多个字词或短语，这是快速建立关系和达成相互理解的快捷方式。这一原则可以应用于各种情境中，包括各种形式的心理治疗。

加拿大的珍妮特·比文·巴维拉斯（Janet Beavin Bavelas）和她的团队进行了系列的微观分析研究（micro-analytic studies）。他们检视了不同心理治疗取向的会谈逐字稿，证实了采用不同心理治疗取向的治疗师会使用不同的语言结构，而且当治疗师采用不同的方式来运用当事人原有的用字遣词时，当事人回应的方式与效果也会随之不同。

几乎在所有情境下，我都会应用"语言匹配"的原则。这个原则总能帮助我与工作场域中的其他人发展良好的互动关系，无论是与狱中的危险人物，还是因患有早期失智症而感到痛苦的老年女性。一些应法院要求前来咨询的有暴力行为的男性当事人，在与我会谈时会对我说"你是第一个理解我的人",即使当时我只是在帮法院收集相关信息而没有任何治疗的意图。当然,我不认为我完全理解了他们本人或他们的行为。语言匹配的原则在失智症和学习障碍领域的工作中特别有用,因为无论在什么情况下,这些患者改变用词或语意的能力都实在有限。

多个世纪以来,佛教徒和贵格会教徒一直都相信,每个人所说的任何字词都具有重要意义。关于这个话题已经有一些有趣的研究:与哮喘相关的词会对哮喘患者的脑和肺功能产生影响(Rosenkranz et al., 2005);与老年人谈论与衰老相关的议题,会导致他们更为步履蹒跚,智力水平进一步退化(Hausdorff et al., 1999; Bargh et al., 1996);谈论健康、积极的事情和工作的拳击手,更有可能在即将到来的比赛中取得胜利(Warnick & Warnick, 2009);如果在考试前问女性有关性别差异的问题,她们在数学考试中的得分要低很多(McGlone et al., 2006);懂得在下单前重复客人所点菜单的女服务员,会收到更多的小费(van Baaren et al., 2003);当事人的心率变化,也与回答焦点解决问句相关(Blasé & McKergow, 2006)。

密尔沃基模式的一大特色是,它已被证明不仅可以在为人类努力的众多领域中使用,也可以被运用在许多不同的文化中。焦点解决模式与心理动力取向理论的一个很大不同之处是,它已经被证实是较容易迁移运用至不同国家和语言之中的。毕竟,使用不同语言来翻译精神分析的观点是有难度的。例如,"张力"(strain),弗洛伊德指的是"情绪张力"(emotional strain),但它容易被翻译为"压力"(stress),这是一个工程学中有关金属疲劳的术语。而焦点解决工作的灵活性,已有来自世界各地用不同语言发表的研究论文对此表示认同。众所周知,实务工作者必须将使用的心理治疗模式敏锐地与当地文化价值观相融合。关于这一点,比起采用严格的行为模型,焦点解决思维要来得容易许多。

安德鲁·特奈尔是澳大利亚的一位家庭治疗师。他的同事希望他协助介入处于困难情境中的家庭，其中许多是澳大利亚土著家庭。他们一起设计了"安全标志"的工作模式，让工作人员在为家庭和相关机构进行风险评估的同时，可以在一页的篇幅里总结出关于这个家庭的风险和防护的众多信息（Turnell & Edwards，1999）。安德鲁·特奈尔是一位优秀的教师，他将这种模式传播到了世界各地，并带来了一定的影响力。许多国家和地方政府都完整地采用了这个模式，并将其视为社区协助工作的重大突破。现在，使用"安全标志"模式的实务工作者每一年都会在世界各地举办年会。

英国的地方政府为贫困的北部城镇的家庭建立了一个名为"最后一招"（last resort）的社会工作团队。在六周的时间里，每名社工只负责两个个案。如果家庭情况没有任何改善，孩子可能会被从家里带走。我曾担任他们的督导。我们的工作依赖的是焦点解决原则，包括焦点解决反思团队（Norman et al., 2005）。该项目非常成功，没有孩子被迫被带离家庭。现在，地方政府希望在整个管辖区域内采用焦点解决方法。

如今，许多国家都发表了大量关于焦点解决取向应用价值的研究。1995年发表的成果研究仅有8篇，目前增长到每年超出2800篇的辉煌成就。2017年发表的文献至少包括10篇元分析、7篇系统回顾，以及325篇相关结果研究（其中含有143篇随机对照实验）。这些研究都显示了焦点解决方法的效益，其中的92篇研究显示焦点解决取向优于现有的治疗方案。另外，在100篇比较研究中，71篇肯定了焦点解决短期治疗的成效。超过9000宗个案提供的有效数据也证实焦点解决短期治疗的成功率超过60%，平均只需要3到6.5次治疗会谈。

除了英语之外，焦点解决短期治疗领域最近还发表了至少 12 种语言的文献，包括波斯语、土耳其语和朝鲜语。相较于 2009 年只有 45 篇中文文献，截至 2016 年，已有 220 篇中文文献（其中 60 篇来自中国台湾地区）。虽然这些效果评估研究已经证实了焦点解决模式的价值，但是我们还需要有更多更为完整、复杂的研究实证结果。在这些中文研究中，有许多物理治疗领域优秀的随机对照研究。最近，世界各地以英文发表的研究数量有减少的趋势。这些是否表示焦点解决模型已经是一种经实证研究验证的有效方法了？

许多期刊都会发表包含焦点解决观点的文章。美国的《系统治疗期刊》（Journal of Systemic Therapies）可能是这些期刊中最负盛名的。《短期治疗期刊》（Journal of Brief Therapy）在美国已经发行了一阵子。英国的《焦点解决新闻通讯》（Solution-Focused News Newsletter）及其同时经营的《焦点解决研究评论》（Solution-Focused Research Review）在三年前成功地推出了线上版。英国时事通讯刚刚重新开始发表相关文章。《焦点解决短期治疗期刊》于 2014 年开始出版，尽管每年少有超过一期的出版物，但一直延续至今。一本具有竞争力的线上期刊是《焦点解决实务国际期刊》（International Journal of Solution-Focused Practice），它在出版六年后于 2017 年暂时停刊。

在美国，焦点解决短期治疗已经相当被认可，受到了包括联邦政府、国家物质滥用及心智健康服务局（SAMHSA）的国家循证计划和实践登记处（NREPP）、华盛顿州、俄勒冈州和得克萨斯州的认可。目前，得克萨斯州正在审查相关的实证资料。明尼苏达州、密歇根州和加利福尼亚州的多个组织已经开始使用焦点解决取向。在芬兰，赫尔辛基心理治疗研究所是世界上最大的培训机构之一，它可以提供由西英格兰大学授予的焦点解决短期治疗理学硕士学位（MSc）。新加坡有一门经批准的认证课程。加拿大也有一个从业人员和治疗师的注册机构。威尔士(英国)将焦点解决方法纳入了初级精神卫生计划。韩国和印度各有一本焦点解决短期治疗杂志。日本、印尼、菲律宾、马来西亚、越南、澳大利亚、新西兰、巴勒斯坦、以色列、中国、印度、俄罗斯、南非及其他非洲国家都有焦点解决短期治疗的相关培训,尤其,几乎在每个欧洲国家中,焦点解决短期治疗都被广为教授与流传。

随着焦点解决短期治疗在世界各地越来越受欢迎,一些培训师希望制定国际认证标准。然而,各国之间的差异使得这项工作十分难以落实。于是,他们决定将批准过的注册培训课程作为标准化认证的依据。IASTI 的成立正是为了实现这一目标。该国际联盟最初的成员包括来自欧洲短期治疗协会理事会中的一些成员,以及来自世界各地的知名实务工作者。目前,约有 18 个机构已在 IASTI 注册。

在几次尝试制定焦点解决短期治疗从业人员资格标准的努力失败之后,英国开始了对焦点解决培训的认证。但是,英国政府采取的政策使得这一过程被推迟了,因为该政策,即改善心理治疗的可及性(Improving Access to Psychological Therapies),将认知行为治疗置于其他所有心理治疗取向之上,并规定须终止雇用未执行认知行为治疗的医护人员。这个政策导致各机构对其他取向撤资,也使许多熟练的实务工作者受到了冷落。这一紧张局势目前正在缓和中,部分原因是人们在对认知行为治疗成效的评估中发现,其成功率几乎没有达到50%(世界范围内对所有心理治疗的研究证明,成功率通常为60%至70%)。瑞典政府也尝试了类似的认知行为治疗计划,导致治疗成功率急剧下降。目前,他们已正式放弃,改而开始制定正式的焦点解决短期治疗从业者认证系统。

目前,新加坡、日本、韩国和印度都已经有相当活跃的焦点解决短期治疗组织。瑞典、波兰和奥地利在他们的执业资格系统里也认可了焦点解决短期治疗。德国负责监督实务执照许可的主要机构如今正在考虑将焦点解决短期治疗纳为他们的系统化工作模式之一。然而，并非所有人都认为焦点解决短期治疗是一种系统化的实务工作模式。有时，焦点解决短期治疗还被视为归属于积极心理学、动机式访谈、人际历程治疗、人本关怀导向治疗、整合性治疗，甚至是认知行为治疗（一位同行称之为"隐微式认知行为疗法"，cognitive-behavioural therapy by stealth）。来自加拿大的艾伦·韦德（Allan Wade），或是像迈克尔·怀特和戴维·埃普斯顿（David Epston）这样的叙事治疗师，他们高超的技巧和巧妙的工作方式与焦点解决短期治疗有着密切的联系。对于这个现象，我个人的观察与看法是，每个人都将焦点解决短期治疗视为自己原先使用的治疗取向的后续发展模式。因此，家庭治疗师认为焦点解决短期治疗是系统性的，行为学派治疗师认为焦点解决短期治疗是认知行为取向的，而一些治疗师则认为焦点解决短期治疗是人本取向的。

二、焦点解决短期治疗大家庭的最新发展

在美国和其他国家，许多员工援助计划中都在电话热线服务中使用了焦点解决方案。尽管跨国咨询存在着遵循哪个国家的法律和保险系统的问题，电子邮件咨询仍在不断发展。

几年前，美国的一项实验发现，网络会谈的当事人常能猜到面前的电脑是通过电脑程序而非真人在回应自己，只是以随机的方式回答"是"或"否"而已。据说，现代的聊天机器人可以传播假新闻、让听众参与调查，甚至有具有枕边谈话功能的性玩偶（如果你想知道，这样的娃娃售价为1万美元）。现在，在家里就有各种电子设备可以和你聊天，并向你建议它们认为你需要的东西，例如调整暖气温度、鼓励购买更多杂货等。随之而来的麻烦出现了：一只鹦鹉模仿它主人的声音

从亚马逊订购了东西，海豚发出的超声波可以触发防盗警报或让门打开等。那么，你是否相信未来会出现治疗师玩偶，使用焦点解决短期治疗方法，来帮助人们缓解焦虑？

史蒂夫·德·沙泽尔经常重复一句话："短期，意味着无须进行没有必要的会谈。"基于这一说法，许多单次治疗和免预约诊所（walk-in clinics）的研究都将焦点解决短期治疗作为主要的工作模式。关于其成功率的研究也证实，其成功率与其他取向的单次治疗干预模式效果旗鼓相当。这个发现是很重要的，因为许多国家缺乏治疗师和相关资源，单次治疗可能是唯一可行的选择。在我们的研究中（Macdonald, 2005），四分之一的当事人只参加了一次会谈。但他们的反馈显示，他们和其他参与多次会谈的当事人一样，都在会谈中取得了成功。我们也发现，长期存在的问题预示着较低的改善率。另一重要发现是，当事人的社会阶层背景并不会影响他们对焦点解决介入措施的反应。大量研究表明，焦点解决短期治疗对所有社会阶层的当事人的协助效果都一样。这是一个很重要的研究结论。因为其他的疗法都显示出社会阶级背景对治疗效果的影响，较高的社会阶层往往意味着更好的治疗效果。因为在这个世界上很多人的资源都相当有限，所以焦点解决短期治疗这一特色，有着极具价值的益处。

在临终关怀和其他工作场域的当事人的生活里，消极想法是很突出的特征。与这样的当事人工作时，我会使用一个名为"闪耀时刻"的活动。这个活动是：请当事人手边随时放有一份清单，上面记录着他们生命中一些特别的时刻。这个活动的概念最初来自叙事治疗，但也可以被扩展运用到其他领域。该清单内容可以是最近的美好时刻，也可以是这一生的特殊时光。当事人可以在心中温习，也能以书面方式进行回顾。回忆这些美好的特殊时光，有助于提升当事人的自尊。这样的清单还可用于提示放松或暗示舒适的练习，或用于冥想或睡眠诱导。有些当事人会与亲人分享这份清单，但有些人则喜欢将这份清单作为私密的个人财产。

2006年，美国的琳达·梅特卡夫（Linda Metcalf）和比尔·奥汉隆为遭遇困境的夫妇出版了一本自助书《奇迹问句》（The Miracle Question）。在这本书里，他们设计了一些表格，让读者就书里的焦点解决问句写下自己的回答。经验丰富的执业者雷亚·古尔（2017）在英国开发了一种新的自助版焦点解决法，其要点包含少强调问题和目标，多看看自己拥有的资源以及可能的小步骤；使用奇迹问句并留意例外，以增加例外发生的可能性；保持简单；保持在通往目标的轨道上（评量问句会有助于此）。

在治疗精神障碍的重症病房工作以及给监狱人群提供服务让我得知，在这些具有挑战性的环境中，焦点解决短期治疗真的能够提供很多的协助（Macdonald，2007/2011）。许多法务小组和冲突管理小组都报告了焦点解决取向的成功案例。我们医院的安全部门发现，从一开始接触当事人时，就可以立即开始用焦点解决取向来进行工作，因为焦点解决工作方式并不需要详细的背景信息。焦点解决取向谈话时间较短的这一特色，对于那些注意力持续时间有限的人来说是有好处的。实用的语言和共同商定的目标增加了当事人的动力，缩短了他们留在助人服务中的时间。当然，作为工作人员的我们，也得持有一些必要的目标（如减少暴力）。我们会开放地与住院患者或受刑人员直接分享这些必要的目标。有需要时，我们也会与当事人协商联合药物治疗方案。我们知道，当事人会从不同治疗方式的选择中受益。当发现另一种治疗方式是有用的时候，当事人很容易改为去选择它。如果可以证明特定的治疗方式是有所助益的，家庭也会被吸引而来。在移交工作时，如果以焦点解决方式来进行工作描述，移交工作会变得简单许多。后来，我们部门竟然成为"在复杂、有时危险的工作领域中,能高效、快速恢复"的代名词。使用焦点解决取向可以使工作团队之间的信息共享变得更容易实现。这个做法也更容易让患者将新的思维保留在脑海中。

在英国对学习障碍者、药物和酒精滥用者的服务里,焦点解决短期治疗是一个相当受欢迎的模式。我曾在这类机构中任职。焦点解决工作中使用的简单、直接的语言,似乎更容易让当事人及其家庭接受。英国律师助理艾琳·墨菲(Eileen Murphy)开发了一种"无声会谈"(Silent Session)技术,用来协助监狱中的当事人。一些监狱中的当事人不愿意配合工作人员,甚至不愿意开口说一句话,因为他们担心自己在会谈中所说的话会变成被指控有罪的证据。在使用"无声会谈"技术时,墨菲会坐在受刑人员身后,看不到他们的面部表情。她请受刑人员听她的提问并在自己心中回答。在心中答完后,受刑人员便举起一根手指示意。在回答评量问句时,受刑人员则可于适当时机以需要的手指数量来做出回答。

普拉门·帕纳约托夫博士是保加利亚的精神科医生。他致力于与同事一起研发一种由当事人主导的治疗方法。他认为,所有行为一旦发生过一次,之后是可以成为一种习惯的。目前,这个方法采用的名称是"CoLeC",意思是"由当事人引导的对话"。这个方法基于"Thi—Qu—An—D—Ob—Re"(Thinking—Questioning—Answering—Doing—Observing—Reviewing)的描述模型。该模型描述了治疗师和当事人实际在一起做什么的过程,即思考—提问—回答—行动—观察—回顾。这个模式还假定,如果当事人自己是能够有效完成这些步骤中的任何一项时,治疗师则应该避免去操作这项步骤。"CoLeC"超越了传统的焦点解决短期治疗的做法,但仍然对当事人持有一样的基本信念,也深信当事人具备的能力是他们自己最好的帮手。"CoLeC"强调当事人拥有的知识以及了解介入的时机,即由当事人选择进行讨论的时机与脉络，决定哪些是最为有用的问句，并且在当事人懂得运用有效问句和自身资源时，可以选择自己是否需要离开会谈，或决定在什么时候继续治疗。

"CoLeC"的系列问句中包含"延迟答案问句"（详见第十一章）。我认为延迟回答问句源自最初的MRI模式。MRI模式经常提道："进行得慢一点。"史蒂夫·德·沙泽尔曾提到的一个有用的变式是，对当事人说："请你先考虑一下各种可能性，但是，在我们下次见面之前,任何事情都别做。"告诉当事人什么事情也别做，往往反而会让他们有一些行动。对于改变，人们通常有着自己的速度，当事人通常会告诉治疗师他们喜欢什么样的节奏，这些信息都会让治疗师知道，当事人对于与治疗师一起工作的进展有着什么样的期待。在与儿童一起工作时，我们的团队会说儿童有"慢速引擎"（如卡车）或"高速引擎"（如跑车）。这两个比喻对于一般家庭而言似乎是很好理解的。

"CoLeC"模式已被扩展应用，如"青少年成功步骤日记"。目前，已有一些与"好问题日记"（Good Questions Diary）相关的手机应用程序可供使用。最近制作的一部电影（半虚构、半纪录片的形式）也反映了"CoLeC"的一些想法。*

帕纳约托夫（2018）建议，如果我们检视一下就会发现，所有治疗的开始都源自当事人的一个疑问："我什么时候能够来见你？"甚至比这个还简单。由于弗洛伊德恰好接受过医学训练，他自然而然会以医学模式进行心理治疗，而这竟然变成一种广为流传的治疗习惯！

我想，作为医生，我和我的同行是可以结束这种混乱的。如果我们能够清楚辨认"当事人"和"病人"两者不同的需要：前者是来进行对话的，后者需要的是治疗（当然，在特殊情况下，这两者是可以采用某种形式来混合进行的）。帕纳约托夫曾引用一位资深精神病学家的

---

* 见 http://en.solutions-centre-rousse-bulgaria.org/files/simple_therapy.pdf。

话:"因为有了长效抗精神病药物,才让我们能够与病人交谈。"这也证实了我自己的训练经验。沿着这一路线,我们可以说,治疗,让病人变成当事人,让心理治疗转向谈话(以及它们的组合)。当长效抗精神病药刚被发明时,我才开始我的专业训练。这项改变带给病人和医院的变化是十分惊人的,而这也让对话和建设性的想法,变得更具可能性。

据我所知,在德国的医生群体里,目前有一种趋势,就是采用所谓"Gesundheitsorientierte Gesprächsführung"或"GOG"——一种以健康为导向的对话。在英国不断缩编的国家医疗服务体系里,目前剩下的单位正在鼓励采用类似焦点解决短期治疗的做法。一些国家的医生开始意识到,他们可以在和病人的谈话中添加焦点解决短期治疗的元素,这会为"病人"带来更多额外的好处。或许,我们应该称呼他们是"当事人"?

我想,我们可以从上述这些新颖的想法里见证焦点解决思维的诸多新应用。所有这些崭新的应用都突显着一个共同的重点:不管你是独自一人或是和他人一起,需要改变的是我们原来思考所谓"问题"的方式。当我们持续围绕这些新想法进行思考时,我们的脑神经通路对此也会更熟悉。阿特金森(Atkinson)等人(2005)早就讨论过在大脑中创建新通路的重要性,不管是使用哪种治疗模式。这个过程可能是无声的(如自助书籍、墨菲的无声会谈)、涉及对话的(如帕纳约托夫、BRIEF),或者包含了其他的当事人团体(如格林伯格和许多其他焦点解决团体的使用者)。

这就是焦点解决短期治疗到目前为止的故事。但是,很显然,未来将会有更多、更多的创新,不断接踵而至!

参考文献

Andersen, T. (1991). *The Reflecting Team: Dialogues and Dialogues about the Dialogues*. New York: Norton.

Atkinson, B., Atkinson, L., Kutz, P., Lata, J., Lata, K. W., Szekely, J., & Weiss, P. (2005). Rewiring neural states in couples therapy: Advances from affective neuroscience. *Journal of Systemic Therapies: Special Issue: Psychotherapy and Neuroscience, 24* (3), 3–16.

Bannink, F. (2010). *Handbook of Solution-Focused Conflict Management*. Cambridge, MA: Hogrefe & Huber.

Bannink, F. (2014). *Post Traumatic Success: Solution-Focused Strategies to Help Clients Survive and Thrive*. New York: Norton.

Bargh, J. A., Chen, M., & Burrows, L. (1996). Automaticity of Social Behaviour: Direct Effects of Trait Construct and Stereotype–Activation on Action. *Journal of Personality and Social Psychology, 71* (2), 230–244.

Bavelas, Janet Beavin. See http://web.uvic.ca/psyc/bavelas/.

Berg, I. K., & Steiner, T. (2003). *Children's Solution Work*. London: W. W. Norton.

Blasé, K., & McKergow, M. (2006). Meanings Affect the Heart—SF Questions and Heart Coherence. In G. Lueger & H-P. Korn (Eds.), *Solution-Focused Management* . Munchen: Ranier Hampp Verlag. pp. 111–119.

Breen, L. J., & O'Connor, M. (2011). Family and Social Networks After Bereavement: Experiences of Support, Change and Isolation. *Journal of Family Therapy, 33*, 98–120.

Chiles, J. A., & Strosahl, K. (2005). *Clinical Manual for Assessment and Treatment of Suicidal Patients.* Washington, DC: American Psychiatric Publishing.

Cumming, Rob (2016). Personal email communication with Alasdair Macdonald.

De Hoogh, H. (2000). Model Assessment Meeting. Accessed 2011. See Alasdair Macdonald (2011), *Solution Focused Therapy: Theory, Research and Practice*, London: Sage.

De Jong, P., & Berg, I. K. (2012). *Interviewing for Solutions (4rd Ed)*. Pacific Grove, California: Thomson Brooks/Cole.

De Shazer, S. (1985). *Keys to Solution in Brief Therapy*. New York: Norton.

Dolan, Y. (1998). *Beyond Survival: Living Well is the Best Revenge*. London: BT Press.

Fiske, H. (2008). *Hope in Action: Solution-Focused Conversations about Suicide*. New York: Routledge.

Fredrickson, B. (2009). *Positivity: Top-Notch Research Reveals the 3-to-1 Ratio That Will Change Your Life*. New York: Harmony books.

Ghul, R. (2017). *The Power of the Next Small Step*. Keller TX: Connie Institute.

Greenberg, G.S. (1998). Brief, Change-Delineating Group Therapy with Acute and Chronically Mentally Ill Clients: An Achievement-Oriented Approach. In W. A. Ray & S. de Shazer (Eds.), *Evolving Brief Therapies*. Iowa City, IA: Geist and Russell. pp. 142–232.

Hausdorff, J. M., Levy, B. R., & Wei, J. Y. (1999). The Power of Ageism on Physical Function of Older Persons: Reversibility of Age-Related Gait Changes. *Journal of the American Geriatrics Society, 47*, 1346–1349.

Hawkes, D., Marsh, T.I., & Wilgosh, R. (1998). *Solution-Focused Therapy: A Handbook for Health Care Professionals*. London: Butterworth Heinemann.

Henden, J. (2005). *Preventing Suicide: The Solution Focused Approach*. Chichester: Wiley.

Henden, J. (2011). *Beating Combat Stress: 101 Techniques for Recovery*. Chichester, UK: Wiley-Blackwell. http://en.solutions–centre–rousse–bulgaria.org/files/self_helper_en.pdf.

Henden, J. (2017). *What It Takes to Thrive: Techniques for Severe Trauma and Stress Recovery*. Singapore: World Scientific Publishing Company.

Isebaert, L. (2017). *Solution-Focused Cognitive and Systemic Therapy: The Bruges Model*. New York: Routledge.

Iveson, C., & McKergow, M. (2016). Brief Therapy: Focused Description Development. *Journal of Solution-Focused Brief Therapy, 2* (1), 1–17.

Jackson, P. Z., & McKergow, M. (2002). *The Solutions Focus: The Simple Way to Positive Change*. London: Nicholas Brearley Publishing.

Johnson, L. D., Miller S. D., & Duncan, B. L. (2000). *Session Rating Scale (SRS V.3.0)*. Retrieved December 20, 2017 from https://

betteroutcomesnow.com/resour ces/articles-handouts/.

Joiner, T. E. (2005). *Why People Die by Suicide*. Cambridge, MA: Harvard University Press.

Korman, H. (2004). *Common Project*. Retrieved December 12, 2017 from http://www.sikt.nu/publications/.

Kral, R. (1988). *Strategies That Work: Techniques for Solution in the Schools*. Milwaukee, WI: Brief Therapy Family Center.

Macdonald, A. J. (2005). Brief Therapy in Adult Psychiatry: Results from 15 Years of Practice. *Journal of Family Therapy*, *27*, 65–75.

Macdonald, A. J. (2007). *Solution-Focused Therapy: Theory, Research and Practice*. London: Sage Publications Ltd.

Macdonald, A. J. (2011). *Solution-Focused Therapy: Theory, Research and Practice* (2nd ed.). London: Sage Publications Ltd.

Macdonald, A. J. (2018). Solution-Focused Therapy: The Story So Far. In T. Switek, B. Strahilov & P. Panayotov (Eds.), *Making Waves: Solution Focused Practice in Europe: 25th Anniversary Conference Book*. Sofia: PiK-BS. pp. 13–31.

McGlone, M. S., Aronson, J., & Kobrynowicz, D. (2006). Stereotype Threat and the Gender Gap in Political Knowledge. *Psychology of Women Quarterly*, *30* (4), 392–398.

McKergow, M. (2017). SFBT 2.0: The Next Generation of Solution-Focused Brief Therapy Has Already Arrived. *Journal of Solution-Focused Brief Therapy*, *2* (2), 1–17.

Metcalf, L., & O'Hanlon, B. (2006). *The Miracle Question: Answer It and Change Your Life*. Carmarthen: Crown House Publishing.

Miller S. D., & Duncan, B. L. (2000). *Outcome Rating Scale (ORS)*.

Retrieved December 20, 2017 from https://betteroutcomesnow.com/resources/articles-handouts/.

Miller, S. D., & Berg, I. K. (1995). *The Miracle Method: A Radically New Approach to Problem Drinking.* New York: Norton.

Milner, J., & Myers, S. (2017). *Creative Ideas for Solution Focused Practice: Inspiring Guidance, Ideas and Activities.* London: Jessica Kingsley Publishers.

Milner, J., Myers, S., & O'Byrne, P. (2015). *Assessment in Social Work (4th edition).* Basingstoke: Palgrave McMillan.

Murphy, J.J. (1997). *Solution-Focused Counselling in Middle and High Schools.* Alexandria, VA: American Counselling Association.

Norman, H., Hjerth, M., & Pidsley, T. (2005). Solution-Focused Reflecting Teams in Action. In M. McKergow & J. Clarke (Eds.), *Positive Approaches to Change: Applications of Solutions Focused and Appreciative Enquiry at Work.* Cheltenham: Solutions Books. pp. 67–80.

O'Connell, B. (2012). *Solution-Focused Therapy (3rd edition).* London: Sage Publications Ltd.

Panayotov, P. (2018). *Solution is Only a Smile Away.* Retrieved January 12, 2018 from http://en.solutions-centre-rousse-bulgaria.org/files/simple_therapy.pdf.

Panayotov, P., & Strahilov, B. (2019). The Ultimate Self-Helper. In P. Panayotov & B. Strahilov (Eds.), *Signs on the Road from Therapy to Conversations Led by Clients.* Mauritius: LAP Lambert Academic Publishing. pp. 7–9.

Peacock, F. (2001). *Water the Flowers, Not the Weeds.* Montreal: Open Heart Publishing.

Prochaska, J. O., & DiClemente, C. C. (1982). Transtheoretical Therapy: Toward a More Integrative Model of Change. *Psychotherapy: Theory, Research and Practice, 19*, 276–288.

Prochaska, J. O. (1999). How Do People Change, and How Can We Change to Help Many More People? In M. A., Hubble, B. L., Duncan, & S. D., Miller (Eds.), *The Heart and Soul of Change: What Works in Therapy*, Washington, DC.

Prochaska, J.O., DiClemente, C.C., & Norcross, J.C. (1994). *Changing for Good*. New York: Morrow.

Ratner, H., & Yusuf, D. (2015). *Brief Coaching with Children and Young People: A Solution-Focused Approach*. London/New York: Routledge.

Reivich, K., & Shatte, A. (2003). *The Resilience Factor: 7 Keys to Finding Your Inner Strength and Overcoming Life's Hurdles*. New York: Broadway Books.

Romme, M. & Escher, S. (1993). *Hearing Voices*. London: Mind Publications.

Rosenkranz, M. A., Busse, W. W., Johnstone, T., Swenson, C. A., Crisafi, G. M., Jackson, M. M., Bosch, J. A., Sheridan, J. F., & Davidson, R. J. (2005). Neural Circuitry Underlying the Interaction Between Emotion and Asthma Symptom Exacerbation. *Proceedings of the National Academy of Sciences, 102*, 13319–13324.

Shennan, G. (2014). *Solution-Focused Practice: Effective Communication to Facilitate Change*. Basingstoke: Palgrave Macmillan.

Shilts, L. (2008). The WOWW program. In P. DeJong & I. K. Berg (Eds.), *Interviewing for solutions (3rd ed.)*. San Francisco, CA: Brooks/Cole. pp. 286–293.

Turnell, A., & Edwards, S. (1999). *Signs of Safety: A Solution and Safety*

Oriented Approach to Child Protection Casework. New York: Norton.

Van Baaren, R. B., Holland, R.W., Steenaert, B., & van Knippenberg, A. (2003). Mimicry for Money: Behavioral Consequences of Imitation. *Journal of Experimental Social Psychology, 39* (4), 393–398.

Walker, L. (2005). E Makua Ana Youth Circles: A Transition Planning Process for Youth Exiting Foster Care. *VOMA Connections, 21* (5), 12–13.

Warnick, J. E., & Warnick, K. (2009). Specification of Variables Predictive of Victories in the Sport of Boxing: II. Further Characterization of Previous Success. *Perceptual and Motor Skills, 108* (1), 137–138.

Warner, R. E. (2000). Solution-Focused Training Developing the "Qualitative Self-Assessment Practice Standards". Available at European Brief Therapy Association Web Newsletter (www.ebta.nu).

Watzlawick, P., Weakland, J.H. and Fisch, R. (1974). *Change: Principles of Problem Formation and Problem Resolution.* New York: Norton.

White, M. (1998). Saying Hullo Again: The Incorporation of the Lost Relationship in the Resolution of Grief. In C. White, & D. Denborough (Eds.), *Introducing Narrative Therapy: A Collection of Practice-Based Writings*, Adelaide: Dulwich Centre Publications.

图书在版编目（CIP）数据

焦点解决短期治疗培训手册/（英）阿拉斯代尔·J.麦克唐纳著；许维素，敬丹萤译.——宁波：宁波出版社，2023.3
ISBN 978-7-5526-4875-1

Ⅰ.①焦… Ⅱ.①阿…②许…③敬… Ⅲ.①心理咨询—手册 Ⅳ.①B849.1-62

中国国家版本馆CIP数据核字（2023）第027563号

Chinese simplified translation from the English language edition:
A Workbook on Solution-Focused Brief Therapy with Exercises for Trainers
by Alasdair J. Macdonald
Copyright © 2019 Alasdair J. Macdonald

本书简体中文版由Alasdair J. Macdonald授权宁波出版社独家翻译出版。未经宁波出版社书面许可，不得以任何方式复制或抄袭本书内容。

版权所有，侵犯必究

图字：11-2019-82号

焦点解决短期治疗培训手册
［英］阿拉斯代尔·J.麦克唐纳 著
许维素 敬丹萤 译

出版发行	宁波出版社
	（宁波市甬江大道1号宁波书城8号楼6楼　315040）
责任编辑	陈　静　刘思雨
责任校对	谢路漫
印　　刷	宁波白云印刷有限公司
开　　本	710mm×1000mm　1/16
印　　张	16.75
字　　数	210千
版次印次	2023年3月第1版　2023年3月第1次印刷
标准书号	ISBN 978-7-5526-4875-1
定　　价	65.00元

如发现缺页或倒装，影响阅读，请与印刷厂联系，电话：0574-83875165

更多焦点解决图书

《对话的力量:焦点解决取向在青少年辅导中的应用》

[美] 杰拉尔德·B. 斯克拉尔

  《焦点解决短期治疗精选译丛》第一册!本书对于如何将焦点解决短期治疗运用于青少年工作提供了具体的步骤说明,能让与青少年工作相关的咨询专业人员快速运用于实务工作中。

《尊重与希望:焦点解决短期治疗》

许维素 著

  焦点解决短期治疗亚洲地区代表人物之一许维素教授力作!融实操于焦点解决短期治疗的重要理论架构,是焦点解决短期治疗入门的必备手册。

《焦点解决治疗:理论、研究与实践(第二版)》

[英] 阿拉斯代尔·詹姆斯·麦克唐纳 著

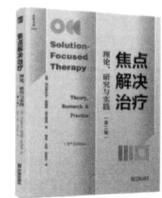

  欧洲心理治疗协会焦点解决短期治疗分会前任主席麦克唐纳博士的经典之作!具有高度实践性,是焦点解决短期治疗初学者的实践指南,也是实践者更新核心知识和技能的有用资源。

《高效教师:焦点解决取向在学校教育中的应用》 [美] 琳达·梅特卡夫 著

《建构解决之道:焦点解决短期治疗》 许维素 著

《高效教练:焦点解决教练精要》 [瑞] 彼得·邵博等 著

关注宁波出版社微信公众号
获取更多图书资讯

进入宁波出版社微店
购买更多焦点解决好书